照着做，你就能

掌控情绪

别让坏情绪，毁了你的人生

潘鸿生 编著

云南出版集团

云南美术出版社

图书在版编目（CIP）数据

照着做，你就能掌控情绪 / 潘鸿生编著 . -- 昆明：
云南美术出版社，2020.12

ISBN 978-7-5489-4150-7

Ⅰ . ①照… Ⅱ . ①潘… Ⅲ . ①情绪—自我控制—通俗
读物 Ⅳ . ① B842.6-49

中国版本图书馆 CIP 数据核字 (2020) 第 258923 号

出 版 人：李 维　　刘大伟
责任编辑：汤 彦　　孙雨亮
责任校对：钱 怡　　李 艳

照着做，你就能掌控情绪

潘鸿生 编著

出版发行：云南出版集团
　　　　　云南美术出版社
社　　址：昆明市环城西路 609 号（电话：0871-64193399）
印　　刷：永清县晔盛亚胶印有限公司
开　　本：880mm×1230mm　1/32
印　　张：7
版　　次：2020 年 12 月第 1 版
印　　次：2021 年 3 月第 1 次印刷
书　　号：ISBN 978-7-5489-4150-7
定　　价：38.00 元

前　言

　　人生在世，喜怒哀乐皆情绪。情绪无时不有，无处不在。情绪的好坏直接影响着我们的生活质量。积极情绪使我们精神焕发，消极情绪使我们无精打采；稳定的情绪使我们头脑清醒、冷静平和，波动的情绪使我们暴躁焦虑、冲动反常；受控的情绪使我们坦然自若，失控的情绪使我们紧张慌乱……

　　情绪是天使与魔鬼的综合化身。关键看我们如何有效地调整控制自己的情绪，做情绪的主人。正确调节自己的情绪，并理解他人的情绪，可以让生活顺风顺水；错误表达自己的情绪，忽视甚至误解他人的情绪，就可能招致不可估量的损失。英国伟大的诗人约翰·弥尔顿说："一个人如果能够控制自己的激情、欲望和恐惧，那他就胜过国王。"因此，只有能控制自己情绪的人，才能把握自己的未来！

　　生活不是一帆风顺的，总会有太多的变数，每个人都会因为外界的一些因素而使内心发生改变，这是人之常情。但是，情绪大多带有一些随意性，如果不管不顾，我们就有可能沦为情绪的奴隶，被情绪所掌控。

现代社会中，有太多的人都在被情绪问题困扰着，越来越多的人失去了内心的平静，变得疲惫不堪。柏拉图说过："决定一个人心情的，不在于环境，而在于心境。"的确，很多时候，那些令我们筋疲力尽的东西通常不是某件事情本身，而是事前事后患得患失、大起大落的致命情绪。无数事实表明，让生活失去笑声的不是挫折，而是内心的困惑。让脸上失去笑容的不是磨难，而是禁闭的心灵。没有谁的心情永远轻松愉快，任何人都不可能永远事事如意、一帆风顺，情绪有跌宕起伏再正常不过。问题是怎样控制好我们的情绪？怎样营造好情绪、转化坏情绪？毕竟，我们需要做情绪的主人，而不是情绪的奴隶。

卡耐基说："学会控制情绪是我们成功和快乐的要诀。"如果你想追求愉快轻松的人生，就一定要彻底把不良的情绪从生活中驱赶走，学会用正确的方法来改变、调节自己的情绪，做自己情绪的主人。只有真正掌控自己的情绪，才能驱散心中的阴霾，找回久违的阳光，体悟人生的真谛。

情绪的好坏是靠自己掌握的，每天只需花费几分钟时间阅读此书，从认识情绪到了解情绪，再到控制情绪，你的生活会变得更加轻松和谐。

目　　录

第一章　做情绪的主人，控制好你的情绪

冲动是魔鬼，发怒伤神又伤身·····················003

在生气的时候，不要做任何决定·················007

看开点，不要为小事而动怒·····················011

别因争辩而伤了和气···························014

忍得了一时，方能容得下一世···················018

强者控制情绪，弱者被情绪控制·················022

坏情绪就像传染病，控制不好就会传染···········025

第二章　收起不满情绪，生活更加美好

不抱怨，才是真正的智者·······················031

停止抱怨，学会调整情绪·······················034

坦然接受生活中的不如意·····················039

与其抱怨环境，不如改变自己·················043

少一些攀比，就会少一些坏情绪···············047

控制自己的情绪，理性地面对别人的批评·········051

第三章　消除焦虑情绪，坚持正向能量

打破空虚，重新点燃你的激情·················057

告别忧虑，踢开绊住前进脚步的小事···········060

欲望太多，会让自己更焦虑···················063

戒除浮躁，不被杂念干扰·····················068

缓解压力，焦虑也会随之消除·················073

征服恐惧情绪，做境遇的主宰者···············076

告别嫉妒情绪，远离"红眼病"·················080

第四章　不惧挫折，坦然面对挫败

只有经得起失败，才能够迎来成功·············087

轻视所谓的困难，保持积极的态度·············090

挫折面前，永不言败·························094

困难没有那么可怕，不要自己打败自己·················· 097

如果你还可以努力，就不要轻言放弃·················· 100

危机也许是转机，关键看你的态度·················· 103

第五章　克服自卑情绪，扬起自信的风帆

摆脱人生枷锁，别让自卑毁了你·················· 109

没有人是完美的，学会接纳自我·················· 112

鼓足信心，你也可以不羞怯·················· 116

懂得自我欣赏，你是独一无二的·················· 118

如果自己都不相信自己，谁还会相信你·················· 121

告诉自己"我真的很重要"·················· 125

第六章　摆脱厌烦情绪，凡事宽心以待

放下仇恨，学会宽容·················· 131

消除虚荣，不要打肿脸充胖子·················· 134

幽默一点，笑对生活·················· 139

远离猜疑，才会有健康的情绪·················· 143

告别厌倦，发现工作的乐趣·················· 147

以平常心处世，人生何处无春风·················· 149

凡事都要想开点，别总和自己过不去·················· 153

第七章　不要纠结过去，驱散心头的乌云

没有过不去的事情，只有过不去的心情·············· 159

心里装满了阳光，就不会惧怕严寒·················· 162

学会遗忘，直面未来····························· 166

患得患失，只会让你失去更多······················ 170

世上本无事，庸人自扰之························· 174

不拿过去犯的错误惩罚自己························· 178

放下，刹那花开······························· 182

第八章　培养积极的情绪，幸福便不再遥远

快乐源自内心，做自己心情的主宰者·················· 191

学会知足，快乐常伴左右························· 195

调动情绪，生活就要充满热情······················ 198

不要过分追求完美，缺陷也是一种美·················· 201

放慢脚步，生活更轻松··························· 204

心怀感恩的人，才会拥有真正的快乐·················· 208

如果你想有好心情，千万不要忘记微笑················ 213

第一章

做情绪的主人，控制好你的情绪

冲动是魔鬼，发怒伤神又伤身

愤怒是一种最具破坏性的情绪，它给人们带来的负面影响远远超出我们的想象。当人们处在愤怒中时，智商和情商都降到了最低，特别容易做出冲动的傻事。在愤怒的关头，人们往往会自以为是，做出非常武断的决定，其冲动行为的危害性不可估量。

安德森是美国得克萨斯州南部小城里的一名警察。一天晚上，他身着便装来到市中心的一间食杂店门前。他准备到店里买包香烟。这时，店门外一个流浪汉向他要烟抽。安德森说他正要去买烟。流浪汉认为安德森买了烟后会给他一支。

当安德森从食杂店买完烟出来后，喝了不少酒的流浪汉再一次缠着他索要香烟。安德森感到很反感，没有给他，于是两人发生了口角。随着互相谩骂和嘲讽的升级，两人情绪逐渐激动。安德森掏出了警官证和手铐，说："如果你不放老实点，我就给你一些颜色看。"流浪汉反唇相讥："你这个警察，你有什么了不起的，看你能把我怎么样？"在言语的刺激下，二人扭打成一团。旁边的人赶紧将两人分开，劝他们不要为一支香烟而发那么大火。

被劝开后的流浪汉骂骂咧咧地向附近一条小路走去，他边走边喊："自以为是的警察，有本事你来抓我呀！"此时，失去理智、愤怒不已的安德森拔出枪，冲过去，朝流浪汉连开四枪，那个流浪汉倒在了血泊中……

法庭以"故意杀人罪"对安德森做出判决，他将服刑30年。

一个人死了，一个人坐了牢，起因是一支香烟，罪魁祸首是失控的愤怒情绪。

俗话说：冲动是魔鬼。愤怒常常使人丧失理智，做出不计后果的言行，最终使自己深受其害。我们常常看到，有些人因为一些不足挂齿的小事而发怒，做出不该做的事，引起恶性斗殴，甚至导致人命案子的发生，最后银铛入狱，事后常常后悔不已。

在生活中，愤怒往往给我们造成很多遗憾。因为愤怒，我们常常情绪失控，行为偏激狂妄；因为愤怒，我们常常为图一时之快，说话刻薄绝情；因为愤怒，我们常常忘记礼仪，给人留下行为不端、放荡不羁的坏印象。等怒气消散，我们才发现自己得罪了朋友、亵渎了友谊、损伤了情面。所以，无论遇到什么事都应该冷静沉着，尤其是怒火攻心之时，更要有意识地控制自己，先搞清楚事情状况，切忌一时冲动、意气用事。要知道，盛怒之下的行为，通常都毫无理智可言，事后痛悔几乎是必然的。既然如此，为什么不在当时就抓住自己，让自己别做那些注定要后悔的蠢事？

赵刚接手了一项新的项目，这个任务十分棘手，上级领导给的压力也很大。这让他一连几天都处在情绪很不稳定的状态，心里一把无明之火烧着没处发泄。当他看到手下团队成员提交的报告时，怒气终于爆发了。在他看来，那些报告根本就是垃圾，分析平庸、见解肤浅，毫无建设性，完全是在敷衍了事。他气得抄起办公桌上的烟灰缸狠狠砸了出去，又把那摞报告书抓起来扔出门外。

赵刚的动作把所有人的目光都吸引了过来，只见他唇角紧抿，脸色铁青。他手下的人都被吓坏了，个个缩头缩脑，大气都不敢出，生怕自己撞到枪口上。赵刚看他们这样，忽然想到自己开会的时候，面对大老板的暴怒，他也只能闷声不吭地扛着。他知道，这时发脾气只能进一步打击下属的工作积极性，对改善问题根本毫无帮助。他告诉自己，必须控制住情绪，不能让自己发怒的丑态进一步暴露人前，更重要的是，不能让怒火成为别人工作的心理障碍，破坏团队的凝聚力。

他把嘴唇抿了又抿，阻止自己的怒火脱口而出，当他感到按捺不住的时候，一下从桌前站起来——这一瞬间他仿佛看到几个下属轻微地打了个哆嗦——大步流星地走了出去，他直冲到公司楼下的草坪上，在花丛边上停下来，狠狠地做了几次深呼吸，终于好受了一些。他对压住了怒火的自己感到满意，开始一边走动一边放松身体，然后尽量把事情往好的一面想。一刻钟之后，赵刚恢复了通常的状态，面容轻松地回到办公室，把之前的报告重新看了一遍，而这一次，他竟然发现它们似乎并没有那么差，其中甚至有好几处十分出色。好在刚才没让怒气彻底爆发，他为自己感到庆幸。

此后，每当工作压力过大，情绪不稳，赵刚就会抽出一段时间专门用来放松自己，去附近的公园走一走，一边散步一边深呼吸，试着让内心恢复平静，以免失控的情绪蒙蔽自己的判断力。从那以后，赵刚再也没有像上次那样气得砸东西，他手下的团队工作效率似乎也在转好，他可以明显地感觉到，他们工作时的气氛比从前更活跃、更积极了。而更令人高兴的是，赵刚发现，控制怒气刚开始困难，后来却变得简单，当他有意识地调整自己的情绪，感到愤怒的时候就越来越少——现在他几乎都要忘记怒不可遏是什么感受了。

愤怒是一种人性弱点，而不是所谓的勇气。所谓"小不忍则乱大谋"，一旦愤怒爆发，我们将后悔莫及。因为其造成的伤害，我们可能倾尽一生都无法弥补。所以，我们要学会克制愤怒，在怒发冲冠的时候及时踩一脚急刹车。

下面是消除愤怒情绪的一些具体方法：

1. 当你愤怒时，首先冷静地思考，提醒自己：不能因为过去一直消极地看待事物，现在也必须如此，自我意识是至关重要的。

2. 主动控制。主要是用自己的道德修养、意志修养缓解和降低愤怒的情绪。当你要发泄怒气时，心中默念"不要发火，息怒、息怒"，会收到一定效果。

3. 留意愤怒的信号，将其扼杀在摇篮当中。人在发怒之前，往往有一些征兆，比如心跳加快、呼吸急促、面色发红、坐立不安、紧张等，也有人会有一些习惯性的肢体动作，如提高音量、敲手指等。看到这些信号的时候，一定要及时离开现场环境，去外面散散步，或者做点别的事情，等心情平复了再回来。

4. 闭目深呼吸。快要生气的时候，把眼睛闭上，进行深呼吸，让心神慢慢安定下来。

5. 请可信赖的人帮助你。让他们每当看见你动怒的时候，便提醒你。你接到信号之后，可以想想看你在干什么，然后努力推迟动怒。

在生气的时候，不要做任何决定

人的感情是很复杂的，且不容易控制，很多时候，人们常常由于冲动做出一些不理智的事情，结果后悔莫及。根据心理学家的测算，人们在气愤时做出的行为，有85%以上是错误的选择，而在正确的15%中，还有10%是因为运气好。所以，在愤怒的时候，我们尤其要注意克制，别让自己在情绪失控的时候做蠢事。

成吉思汗是非常了不起的历史人物，他征战一生，创造了无数的辉煌和奇迹。他能够有这样大的成就，与他善于制怒有关；而他之所以善于制怒，则与他的一段传奇经历有关。有一次，成吉思汗带着一大队人出去打猎。他们一大早便出发了，可是到了中午仍没有收获，只好意兴阑珊地返回帐篷。成吉思汗心有不甘，便又带着皮袋、弓箭以及心爱的飞鹰，独自一个人走回山上。

当时，正值中午，烈日当空，他沿着羊肠小径在山间走了好长时间，口渴的感觉越来越重，但他却找不到任何水源。无奈，他只好继续前行。良久，他来到了一个山谷，见有细水从上面一滴一滴地流下来。成吉思汗非常高兴，就从皮袋里取出一只金属杯子，耐着性子用杯子去接一滴一滴流下来的水。

当水接到七八分满时，他高兴地把杯子拿到嘴边，想把水喝下去，这时一股疾风突然把杯子从他手里打了下来。

将到口边的水被弄洒了，成吉思汗不禁又急又怒。他抬头看见自己的爱鹰在头顶上盘旋，才知道是它捣的鬼。尽管他非常生气，却又无可奈何，只好拿起杯子重新接水喝。

当水再次接到七八分满时，又有一股旋风把水杯再次弄翻了。

原来又是他的飞鹰干的好事！成吉思汗怒到极点，顿生报复心："好！你这只老鹰既然不知好歹，专给我找麻烦，那我就好好整治一下你这家伙！"

于是，成吉思汗一声不响地拾起水杯，再从头等着一滴滴的水。当水又接到七八分满时，他悄悄取出尖刀，拿在手中，然后把杯子慢慢地移近嘴边，老鹰再次向他飞来，成吉思汗迅速拔出尖刀，把鹰杀死了。

不过，由于他的注意力过分集中在杀死老鹰上面，却疏忽了手中的杯子，结果杯子掉进了山谷里。于是，成吉思汗无法再接水喝了，不过他马上想到：既然有水从山上滴下来，那么上面也许就有蓄水的地方，而且很可能是湖泊或山泉。于是他忍住口渴的煎熬，拼尽气力向上爬。几经辛苦后，他终于攀上了山顶，发现那里果然有一个蓄水的池塘。

成吉思汗兴奋极了，立即弯下身子想要喝个饱。忽然，他看见池边有一条大毒蛇的尸体，这时才恍然大悟："原来飞鹰救了我一命，正因它刚才屡屡打翻我的杯子，才使我没有喝下被毒蛇污染的水。"

成吉思汗明白自己做错了，他带着自责的心情，忍着口渴返回了帐篷。他对自己说；"从今以后，我绝不在生气的时候做决定！"这一决心，使成吉思汗避免了很多错事，给他的雄图霸业带来了莫大的帮助。

人在生气的时候意志是最薄弱的，失去理性，从而减弱对事物的推想力，在这个时候无论我们做出任何决定，都很可能会后悔。所以，愤怒的时候，尽量不要做任何决定。一旦我们在这时决心去做某些事情，后果往往是我们无法承受的。

毕达哥拉斯说过："愤怒始于愚蠢，终于懊悔。"几乎所有的恶性事件都是因为生气的时候做了一个不理智的决定，几乎所有的犯罪分子在接受审讯时都后悔过，愤怒会让我们承受生活不能承受之重。人在极度愤怒时，总是要想方设法地发泄，而带有毁灭性质的行为最能达到发泄的目的。当被上司辱骂的时候，我们觉得以一副"此处不留爷，自有留爷处"的傲慢态度，把辞职信拍在上司办公桌上的行为很解气，其结果是我们毁灭了一份维持生计的工作；当朋友误解我们的时候，我们觉得提出"老死不相往来"的要求，是对对方最大的惩罚，其结果是我们毁灭了来之不易的友谊。愤怒时所做的决定让我们在情绪得到宣泄的同时，失去更宝贵的东西。所以，为了不使自己走极端，尽量不要在生气时做任何决定。

小林是一名快递员，内向腼腆。25岁时，他在朋友的介绍下，认识了媛媛，很快两人就坠入了爱河。在他们的爱情里，小林一直很自卑。因为媛媛是个很优秀的姑娘，有许多追求者。而小林长相平平，工作也不是很理想。因此，小林对媛媛和异性朋友来往非常介意，两人总是因为这件事发生口角。

一天，小林为一位男性朋友送快递时，看到了穿着朋友衣服的媛媛。小林深受打击，认定了媛媛对感情不忠。任凭媛媛如何解释，盛怒中的小林一句也听不进去。小林越想越生气，那天晚上拿了一把尖刀，准备找朋友讨个说法。朋友刚打开门，小林就一刀捅过去。邻居听到惨叫报了警，小林被警察带走。警察告诉小林，当天媛媛在小区人工湖不慎落水，被巡逻的民警救上岸时已经冻僵。正好有朋友经过，就把媛媛带回家。媛媛不想影响小林工作，就没有告诉他。这件事情当时在湖边的小区居民都能作证，小林只要去问一下就清楚了。

小林因为一时生气，听不进女朋友的解释，最终不顾道德和法律的约束去袭击朋友。等他明白以后，他已经失去了爱情和友情，同时也将在监狱里度过他本可以大好的青春。

这个故事告诉我们，人在生气的时候很难做出正确判断，往往固执已有想法，行为频频出错，从而付出巨大的代价。所以无论多么愤怒时，都要先冷静下来，不然很容易就会因为愤怒干出蠢事。我们要常常告诫自己不要生气。如果一时没有克制住，怒火熊熊燃烧起来，那就努力忍耐，先不要急于寻求解决问题的方法或途径，而是适当地转移一下，等心平气和时再做决定。

在生活中，每个人可能都因生气而做出过错误的决定。如果你不曾被错误的决定所伤害，那要感到庆幸，但幸运不会永远降临。所以要想把握自己的一生，使之不偏离轨道，就请时时刻刻记住这句话——在生气的时候，不要做任何决定！

看开点，不要为小事而动怒

生活中，我们经常看到人们愁眉苦脸，抑郁伤感，发脾气，说起来不过多是为了一些微不足道的小事。人生是多么的短暂，因一些鸡毛蒜皮、微不足道的小事而耿耿于怀，为这些小事而浪费你的时间、耗费你的精力是不值得的。

古时有一位妇人，特别喜欢为一些琐碎的小事生气。她也知道这样对自己不好，便去求一位高僧为自己谈禅说道，开阔胸怀。

高僧听了她的阐述，便一声不吭地把她领到一间禅房中，落锁而去。妇人气得跳脚大骂，骂了许久，高僧也不理会。妇人又开始哀求，高僧也置若罔闻。妇人终于沉默了。

高僧来到门外，问道："你还生气吗？"妇人说："我只为我生气。我怎么来这种地方受这份罪。""连自己都不原谅的人，怎么能心如止水？"高僧拂袖而去。

过了一会儿高僧又问道："你还生气吗？""不生气了。"妇人说。"为什么？""气也没有办法。""你的气没有消失，压在心里，爆发后会更加剧烈。"高僧又离去了。

高僧第三次来到门前，妇人告诉他："我不生气了，因为不值得生气。""知道值不值得，看来心里还在权衡，还是有气根。"高僧笑道。

当高僧的身影迎着夕阳立在门外，再一次问妇人"气不气"时，妇人问高僧："大师，什么是气？"高僧将手中的茶水倾洒于地，妇人看了很久之后，顿时领悟，向大师道谢后离去。

现实生活中，也不乏这样的人，他们实在太在意身边一些琐事了。其实，很多人的烦恼，并不是由多么大的事情引起的，而恰恰是来自对身边一些琐事的过分在意、计较和较劲。

法国作家莫鲁瓦曾说："我们常常为一些不令人注意、因而也是应当迅速忘掉的微不足道的小事所干扰而失去理智。我们生活在这个世界上只有几十个年头，然而我们却为那些无聊琐事而白白浪费了许多宝贵的时光。试问时过境迁，有谁还会对这些琐事感兴趣呢？不，我们不能这样生活。我们应当把我们的生命贡献给有价值的事业和崇高的感情。只有这种事业和感情才会被后人一代代继承下去。要知道，为小事而生气的人生命是短促的。"的确，生命如此短暂，如果我们将精力都花在小事上，那岂非是浪费了宝贵的生命？人生短短几十年，要尽可能快乐地生活，才会活得更开心，更有意义。想开一点，不要为一些无所谓的事情而伤神费力。

有位高僧在外出云游前，把自己酷爱的、种了满院子的兰花交予弟子，并嘱咐悉心照料。谁知一天晚上弟子忘了将兰花搬回室内，恰巧风雨大作，原本开得正艳的兰花被打得七零八落。弟子既害怕又内疚，忐忑不安地等待着师父的责骂。僧人云游回来，得知缘由，却一句都没有责怪弟子。

弟子奇怪，问道："师父，您那么喜欢兰花。难道不生气吗？"高僧听了，只是淡淡地说了一句："我不是为了生气才种兰花的。"弟子幡然悟道。

一个人要生气，总会有生不完的气。既然如此，何不更旷达地面对人生，少为一些无关紧要的小事去生气，多找快乐，过好珍贵的每一天。

其实，在每个人的生活中，都时不时地会发生一些不愉快的事情。也许是别人的一次不小心，把茶水洒在了自己的衣服上，或者是自己在开会的时候迟到了几分钟，又或者是因为中午的饭菜不合口味等，这些鸡毛蒜皮的小事，会出现在每个人的生活里。但是，不同的人面对的方法却有着很大的不同。情商高的人，常常会一笑了之，不为这些小事继续烦恼，而那些情商低的人，则会沉溺在这些小事中，一遍又一遍地自讨苦吃，最终只会耽误了其他工作。

有一个女孩毫无道理地被老板炒了鱿鱼，她坐在喷泉旁边的一条长椅上黯然神伤，感到生活的前景变得暗淡。在她身边不远处，有一个小男孩站在那里咯咯地笑，她左右看看，并没有发现什么，于是就好奇地问小男孩："你笑什么呀？"

"这条长椅的椅背是早晨刚刚漆过的，我想看看你站起来的时候，背后会是什么样子。"小男孩说话时一脸的得意神情。

女孩怔住了，猛然地想起："周围那些刻薄的人，不是正和这个小家伙一样，在我背后，等着看我失败后落魄的样子吗？现在我虽然不如意，但这并不能说明什么，无论如何，也不能丢掉自己的信心和尊严啊！"

于是她想了想，指着前面的空地对那个小男孩说："你看那里，那里有很多人在放风筝呢。"小男孩回身去找，但他什么也没有找到，他立刻发觉不对，知道自己受骗了，但当他恼怒地转过脸去，女孩已经把外套脱了拿在手里，她身上穿的鹅黄的毛线衣让她看起来青春漂亮。小男孩无奈地甩甩手，嘟着嘴，失望地走了。

我们的心灵在任何时候都应该是沉着的，不要为一件微不足道的小事而生气，生气与烦恼只是展现自己面对困难时的无能而已，只有沉着与冷静才是面对困难并消灭它的最好办法。所以说，我们不应让一些小事影响了自己的心情，而是用豁达的心态去面对，这样才会有一个好结果。

别因争辩而伤了和气

俗话说，"树争一张皮，人争一口气"。许多人有一个通病，不管有理没理，都特别喜欢争辩。但这其实并不是解决问题的最好方法。因为当你与别人争辩的时候，势必会想办法证明别人是错的，自己是对的，而且随着激烈的争辩，情绪会变得一发不可收拾。

杰克是一个很固执的家伙，下班回家经常与妻子争吵不休，终于闹到要离婚的地步。无奈，他向一位心理专家求教，听了杰克的诉说后，专家给他提出了一条建议："你不要总是固执地认为自己是对的，你的妻子是错的。你可以只同她讨论问题而不去证明谁对谁错。只要你不再强求她接受你的意见，你也就不会烦恼了，你们当然也就不会为证明自己正确而发生无谓的争吵了。"杰克回家以后就按照专家的建议试着做了，果然很奏效。后来，一旦遇到两人观点和看法相悖，他不再与妻子争论不休，要么和她心平气和地讨论，要么回避不谈。一段时间以后，他们的夫妻关系明显得到了改善。

争辩不能起到任何作用。当人们面红耳赤地争辩时，说起话来就会不管不顾，也忘了是否会伤害对方。所以，遇到争论时，你最好能尽量忍在心里，不要爆发，用理智来抑制激情，这样才能使大事化小，小事化无。

心理学家指出，用争论的方法不能改变别人，而只会引起反感；争论所引起的愤怒常常引起人际关系的恶化，而所被争论的事物依旧不会得到改善。美国耶鲁大学的两位教授曾经做过一个实验，他们耗费了7年的时间，调查了种种争论后的结果。例如，店员之间的争执，售货员与顾客之间的斗嘴，夫妻之间的吵架等，结果证明了凡是去攻击对方的人，都绝对不会在争论方面获胜。事实上，争论最初只是从一句话开始，但当争论开始时，你便已经输了。所以要从开始就将争论扼杀在摇篮里，阻止后面事情的发生。

　　生活中，我们常常因为与他人有不同的意见并发生争吵。特别是当自己的意见被别人直接反驳时，内心总是不痛快，甚至会被激怒。而当我们气得晕头转向的时候，却往往找不到自己到底在"争"什么。其实，很多时候，"人争一口气"的这个"气"不是志气，而是生气。

　　著名成功学大师卡耐基指出：普天之下，只有一个办法可以从争论中获得好处——那就是避免它。避开它！像避开响尾蛇和地震一般。十有九次，争论的结果总使争执的双方更坚信自己绝对正确。不必要的争论，不仅会使你丧失朋友，还会浪费你大量的时间。

　　推销员丹尼尔，年轻时酷爱跟人抬杠，他当过汽车司机，后来改行推销卡车。其实，推销员这种职业根本不适合他这种爱抬杠的人，因为客户一挑剔他的车子，他就会涨红脸大声强辩。

　　丹尼尔承认，那时候他在嘴上赢得了不少的辩论，但这对他自己的工作却毫无帮助，他连一辆卡车也推销不出去。渐渐地，他意识到了自己的弱点，从各个方面反省自己，改变自己。他开始懂得克制自己，避免跟客户发生口角。

　　现在，丹尼尔是华盛顿福特汽车公司的明星推销员。他是如何从失败走向成功的呢？丹尼尔这样说："如果我现在走进顾客的办公室，而对方说：'什么？福特卡车，不好！我要的是肯沃思。福特的送给我都不要。'我会说：'老兄，肯沃思的卡车确实好！买他们的卡车绝对错不了。'这样他就无话可说了，因为没有了抬杠的余地。如果他说肯沃思的卡车最好，我说没错，他只有住口了。他总不能在我同意他的看法后还要说上一下午‘肯沃思的车子最好’吧！当我们不再谈肯沃思的车子后，我便开始介绍福特卡车了。当年若是听到他那种话，我早就气得脸红一阵白一阵了。我会开始挑肯沃思卡车的毛病，我批评别的车子不好，对方就说好，愈辩之下对方就愈喜欢我对手的货物。”

就这样，丹尼尔成功地运用了舍车保帅的策略，尽管对方在口舌上占了上风，但是他却成功地把卡车推销了出去。

在实际生活中，人们难免会与他人有意见不一致的时候。在这种情况下，如果你忍住不发生争辩，情绪就会得到控制，更会赢得他人的好感。

所谓“水善利万物而不争”，有多少人在不争中收获无尽的乐趣与美满，又有多少人在你争我抢中深陷生气的漩涡，与幸福南辕北辙、擦肩而过。在意见发生分歧的时候，心平气和的讨论才能帮助我们认清客观事实和真理，而在激烈的争辩中我们只能获得个人主义思想。静下心来想一下，在争辩中我们能得到什么？除了浪费时间、浪费唾沫，换来别人违心的认输，给别人留下一个“莽夫”的印象之外，我们什么也没得到。所以，如果你不想树立对立情绪，而想搞好人际关系，请记住：永远避免同别人争论。

忍得了一时，方能容得下一世

人生在世，总会遇到许多不顺心的事，或朋友的误解，或事业的挫折，或小人的暗算等，总之这些事都可能会让你生气。当面对这些事的时候，你会采取什么样的态度呢？是暴跳如雷、大吵大闹，非要和人争出个一二三来，还是隐忍下去，以退为进，拍拍身上的灰尘继续前进？俗话说："忍一时风平浪静，退一步海阔天空。"选择前者也许会让你发泄一时，但也有可能后悔一世，选择后者才是大将风度，才能够独立承担起自己的一片天空。

古代有个老翁，他开了个典当铺。有一年年底，他忽然听到门外一片喧闹声。他出门一看，原来门外有位穷邻居正在吵嚷。站柜台的伙计就对老翁说："他将衣服当了钱，空手来取，不给他，他就破口大骂。有这样不讲理的人吗？"门外那个穷邻居仍然是气势汹汹，不仅不肯离开，反而坐在当铺门口。

老翁见此情景，从容地对那个穷邻居说："我明白你的意图，不过是为了度过年关。这种小事，值得一争吗？"于是，他命店员找出那个典当之物，共有衣服、蚊帐四五件。

老翁指着棉袄说："这件衣服抗寒不能少。"又指着外袍说："这件给你拜年用。其他的东西不急用，那就留在这里吧。"

那位穷邻居拿到两件衣服，不好意思再闹下去，于是立刻离开了。当天夜里，这个穷汉竟然死在别人的家里。

原来，穷汉同人家打了一年多的官司，因为负债过多，不想活了，于是就先服了毒药。他知道老翁家富有，想敲诈一笔，结果老翁没吃他那一套，没有傻乎乎地当他的发泄对象，于是他就转移到了另外一家。

事后有人问老翁，为什么能够事先知情而容忍他。老翁回答说："凡无理挑衅的人，一定有所依仗。如果在小事上不忍耐，那么灾祸就会立刻到来了。"

忍让是一种力量，在冲突与不愉快发生时，忍让是"以柔克刚"，进而达到"忍一时风平浪静，退一步海阔天空"的心境。

生活中打击无处不在，特别是遭受竞争对手的打击时，很多人心绪难平，容易表现得气急败坏甚至勃然大怒。可是事情却往往不会因为我们的发火而有什么改变。如果你不懂得忍耐，不懂得让自己的心绪保持平稳，无法让自己的心态平和而荣辱不惊，那么你将难以很好地发挥自身能力，也更容易失败。所以，当面对竞争对手的无端挑战时，请务必心绪平静，先默数一分钟，你将做到不慌不忙，泰然处之。

一天，英国首相威尔逊在一个广场上举行公开演说。当时围观的有近千人，突然从听众中扔来一个鸡蛋，正好打中了威尔逊的脸，安全人员马上下去搜寻闹事者，结果发现扔鸡蛋的是个小孩。威尔逊得知之后，先是指示属下放走小孩，然后当众叫助手记录下小孩的名字、家里的电话与地址。

　　人们猜想威尔逊可能要事后处罚小孩，人群开始骚动起来。这时威尔逊对大家说："我的人生哲学是要在对方的错误中去发现我的责任。方才那位小朋友用鸡蛋打我，这种行为是很不礼貌的。虽然他的行为不对，但是身为一国首相，我有责任为国家储备人才。那位小朋友从那么远的地方，能够将鸡蛋扔得这么准，证明他可能是一个很好的人才，所以我要将他的名字记下来，以便让体育大臣注意栽培他，他将来也许能成为不错的棒球选手，为国效力。"威尔逊的一席话，赢得了一片笑声和掌声。

　　俗语说："忍字头上一把刀。"要做到忍，确实不容易。虽然忍耐是痛苦的，但最后的结果往往是甜蜜的。苏东坡说："匹夫见辱，拔剑而起，挺身而斗，此不足为勇也。"遇事须冷静，考虑一下后果，本着息事宁人的态度去化解矛盾，我们就不至于为一些鸡毛蒜皮的小事而纠缠不清，更不会使矛盾扩大升级。

　　忍让并非是一种懦弱，而是一种修养，一种美德，是一种成熟的涵养，更是一种以屈求伸的深谋远虑。同时，忍让也是人类适应自然选择和社会竞争的一种方式。

　　忍让是一种处世的艺术，是一种淡然的生活态度，能将生活中不快的事和许多不良的情绪淡化和遗忘。

　　清朝中期，有个"六尺巷"的故事，曾经广为流传。当朝宰相张英与一位姓叶的侍郎都是安徽桐城人，两家毗邻而居，都要起房造屋，因地皮发生了争执。张老夫人便修书北京，让张英出面干预。宰相到底见识不凡，看罢来信，写了一首打油诗劝导老夫人："千里家书只为墙，再让三尺又何妨？万里长城今犹在，不见当年秦始皇。"张母见书明理，马上将墙主动退后三尺。叶家见此，深感惭愧，也把墙让后三尺。因此，张叶两家的院墙之间，就形成了一条六尺宽的巷子，成了有名的"六尺巷"。

一场本来可能导致两家大动干戈的纷争，被张英的忍让和宽宏所化解了，最后两家化干戈为玉帛，握手言和，这是一种再好不过的结局了，倘若两家为了争面子各不相让，那么结局便很难收场了。

"忍一时之气，免百日之忧"。生活中我们常常遇到一些无奈：亲人、朋友、同事的误解，甚至是欺凌，面对这些"人民内部矛盾"，最好的办法就是忍。忍让，就是一颗理解、宽容的心，意味着善解人意、通情达理。遇事多为别人着想，善于体谅他人的难处，理解对方那些一时冲动的言行，这样自然就能平和地看待问题，也不会觉得自己受了多大的委屈，有了这种大度的胸襟与气度，自然就能接受了。

宋代苏洵说："一忍可以制百辱，一静可以制百动。"这就是忍让的巨大作用。如果我们对待非原则性的问题，能忍则忍，能让则让，肯定会让我们心态更平和，生活更美好。

强者控制情绪，弱者被情绪控制

情绪也可以称为感情。每个人都有感情，也都有理智。但是在一定的时候，人的理智却被感情埋没了。被感情埋没了理智之时，所做的事情往往都是人们非常后悔的事。古语说："喜时之言多失信，怒时之言多失礼。"人一旦失去理智，那么感情就像是一匹脱了缰的野马一样不停地狂奔。

米开朗琪罗曾说："被约束的力才是美的。"对于情绪来说也是如此，一个人的情绪如果不能得到有效的调控，那么，人就有可能成为情绪的奴隶，成为情绪的牺牲品，说出一些不合时宜的话，甚至伤害别人。所以当陷入消极情绪而难以自拔时，应有意识地用理智去控制。

爱丽丝是一个脾气异常暴躁，情绪波动极大的女孩，经常因为小事和别人吵架，她的人际关系因此而愈来愈紧张，结果男友也难以忍受她的坏脾气，和他分手了。终于有一天，她觉得自己已经处于崩溃边缘。

她打电话向她的一个朋友普鲁特求救。普鲁特向她保证："爱丽丝，我知道现在对你来说是有点糟，可是只要你经过适当的指引，一切就会好转。"

"你现在的第一件事是让自己安静下来，好好地享受一下安静的生活。"

听了普鲁特的话，爱丽丝放慢了忙碌的生活节奏，想好好地放松一下自己，给自己休了一个长假。当她已经稳定了之后，普鲁特又建议道："在你发脾气之前，不妨想想，究竟是哪一点触动了你？"

"自己可以拥有两种思考，一种是让每一件事情都在脑海里剧烈地翻搅，另一种则是顺其自然，让思想自己去决定。"说着，普鲁特拿出了两个透明的刻度瓶，然后分别装了一半刻度的清水，随后又拿出了两个塑料袋。爱丽丝打开来，发现分别是白色和蓝色的玻璃球。普鲁特说："当你生气的时候，就把一颗蓝色的玻璃球放到左边的刻度瓶里；当你克制住自己的时候，就把一颗白色的玻璃球放到右边的刻度瓶里。最关键的是，现在，你该学会独立控制自己的情绪，如果你不试着控制自己的情绪，你会继续把你的生活搞得一团糟。"

此后的一段时间内，爱丽丝一直按照普鲁特的建议去做。后来，在普鲁特的一次造访中，两个人将瓶中的玻璃球都捞了出来。他们同时发现，那个放蓝色玻璃球的瓶子中的水变成蓝色了。原来，这些蓝色玻璃球是普鲁特把水性蓝色涂料染到白色玻璃球上做成的，这些玻璃球放到水中后，蓝色染料溶解到水中，水就呈现了蓝色。普鲁特借机对爱丽丝说："你看，原来的清水投入'坏脾气'后，也被污染了。你的言语举止，是会感染别人的；就像玻璃球一样，当心情不好的时候，要控制自己。否则，坏脾气一旦投射到别人身上的时候，就会对别人造成伤害，再也不能回复到以前。一定要控制好自己的言行。"

爱丽丝后来发现，当按照普鲁特的建议去做时，人真的不会那么混沌了，事情也容易理出头绪。在此之前，她的心里早已容不下任何新的想法和三思而后行的念头，已经形成了一种忧虑的习性，这让她恐惧、慌乱且情绪化。当普鲁特再次造访的时候，两人又惊又喜地发现，那个放白色玻璃球的刻度瓶竟然溢出水来——看来爱丽丝对自己的克制成效不小。慢慢地，爱丽丝已经学会把自己当成一个思想的旁观者，来看清自己的意念。一旦有了不好的想法就会很快发现，在想法失控的时候及时制止。这样持续了一年，她逐渐能够信任自己并且静观其变。生活也步入常轨，并重新得到了一个优秀男士的爱，美好在她的生活中渐渐展现。

一位哲人说过："不善于驾驭自己情绪的人总会有所失。"如果我们想要生活平顺和幸福，我们不仅需要知道自己的不良情绪根源在哪儿，也需要学习驾驭情绪的方法，这一点非常重要。

学会控制自己的情绪，对于每个人而言都是相当重要的，它是我们成功的前提，更是我们身心健康的保证。做自己情绪的主人，不仅让你重新获得主导权，而且会使你发现，掌控自己的情绪以后，所有的难题都能够轻松驾驭了！

卡耐基说："学会控制情绪是我们成功和快乐的要诀。"能否控制自己的情绪是一个人心理素质的体现。有效地管理和调控自己的情绪，就能够改变自己的处境，改变不如意的现实。

坏情绪就像传染病，控制不好就会传染

心理学中有一个著名的"踢猫效应"：

一位董事长因为超速驾驶，被警察开了罚单，回到办公室后，他随便找了些理由将销售经理训斥了一番。销售经理挨训之后，又对自己的秘书挑剔一番。秘书无缘无故被人挑剔，自然是一肚子气，就故意找接线员的碴。接线员垂头丧气地回到家，对着自己的儿子大发雷霆。儿子莫名其妙地被父亲痛斥之后，也很恼火，便将自己家里的猫狠狠地踢了一脚。

从上面这个例子我们发现，坏情绪是可以传染的。实际上，这样的情绪转移现象在生活中并不少见。一个人的不良情绪一旦无法正当发泄和排解，会怎么样呢？这时此人往往会找一个出气筒，把情绪转移到别人的身上。心理学将这个现象称之为"踢猫效应"。即指对弱于自己或者等级低于自己的对象发泄不满情绪，而产生的连锁反应。也就是说，人的不满情绪和糟糕心情，一般会沿着等级和强弱组成的社会关系链条依次传递，由金字塔尖一直扩散到最底层，无处发泄的最小的那一个元素，则成为最终的受害者。

在现实的生活里，我们很容易发现，许多人在受到批评之后，不是冷静下来想想自己为什么会受批评，而是心里面很不舒服，总想找人发泄心中的怨气。其实这是一种没有接受批评、没有正确地认识自己的错误的表现。受到批评，心情不好这可以理解。但批评之后产生了"踢猫效应"，这不仅于事无补，反而容易激发更大的矛盾。

秋天来了，寒风乍起，女医生在上班的路上看到服装店摆出了秋装，就走进去准备为自己买件厚点的外套，刚看了两件，服务小姐就不耐烦了："你是来买衣服还是来欣赏衣服的？"女医生出门时的好心情荡然无存，她窝着一肚子气走出了商店。

来到医院，开始了一天的工作。在办公室里，一位病人拿着处方征求女医生的意见："大夫，这种药太苦了，能否换一种同样功效但不这么苦的药？"女医生火气未消："你是治病呢，还是尝药？"病人听了这话，生气地走了。这位病人是银行职员，他对医院里的事儿越想越气，也不由自主地与客户发生了口角。

当一个人在外面受到委屈或者心情不顺畅，对什么都看不顺眼时，自觉不自觉地将这种坏情绪传染给其他人，结果导致很多人心情糟糕。

一位心理学家说："'情绪病毒'就像瘟疫一样从这个人身上传播到另一个人身上，一传十、十传百，搞不清从哪儿开的头，也不知将到何处终止，其传播速度有时要比有形的病毒和细菌的传染还要快。被传染者常常一触即发，越来越严重，有时'情绪病毒'还会在感染者身上潜伏下来，到一定的时期重新爆发。这种坏情绪污染给人造成的身心损害，绝不亚于病毒和细菌引起的疾病危害。"事实也是如此，情绪污染的危害极大，一个人的不良情绪，会像无形的波浪，一圈一圈地波及，把周围许多人或事牵连在一起，造成大家的不悦。所以要加强修炼，要学会克制，尽量不发牢骚，尽量隐藏烦恼与懊丧，不要错怪一个人，不要冤枉一个人，不要让不良情绪蔓延开来，否则对你没有好处，对大家也都没有好处。

　　南美西部地区有一个神秘的溶洞，曾经有很多来自世界各地的探险者进入这个溶洞探险，但其中有不少人都没能从里面走出来。

　　一次，三个学地质学的学生来到这里探险，其中一个学生负责在进入溶洞之后做记号。大概在走了十几个小时之后，他们已经非常疲惫。这时，那个负责做记号的学生突然大声喊道："糟了，我已经很久没有做记号了！"另一个学生立刻大惊失色，埋怨道："你怎么能这么粗心呢？我们可能都会被你害死！"两人争执了一会儿，渐渐流露出绝望和恐怖的神情。这时摸索了很久的第三个学生突然喊道："看，记号在这里！我们只要沿着走就能走出去。"两个学生立刻有了精神，一步步跟着他走了起来。

　　二十几个小时过去了，学生开始怀疑自己在不断走重复的路，但那个学生仍然认真地寻找着记号，并不断地说："记号在这里……"另两个学生只好跟着走下去。又走了十来个小时，就在三人手电筒的电量都耗尽之时，他们终于看到了洞口的亮光……

　　过了很久之后，这两个学生才知道，原来当时那个学生

根本没有发现什么记号，只是急中生智，给了一个希望，使
两人不至于失去斗志。

在这个事例中，第三个学生用积极的情绪及时进行干预，不
仅没有让前两个学生的坏情绪侵蚀到自己，关键时刻还帮助他们
走出情绪的泥沼，不因负面情绪而沾染灾祸。

情绪的感染力是如此强大，个人的行为、言语都可以让别人
在短时间内变得开心或者沮丧。谣言止于智者，悦语出自达人。
这里的"达"是指一种乐观、积极、豁达的思维方式，这种豁达
可以将一切负面情绪的源流阻止，以善行、良言让自己和他人获
得美好的心情。所以，我们要用积极的心态来控制自己的情绪，
这样就能防止过多地被别人所影响。

为预防情绪传染，建议大家不妨从以下几个方面努力做些工作：

1. 当你遇到烦恼的事时，要习惯于控制自己的情绪，而不应
把这些不愉快的情绪渲染、转嫁到他人身上。

2. 每天面带微笑，因为微笑就像阳光一样能给周围的人带来
快乐。

3. 用积极思维看待事情，不要只看坏的一面，并提醒自己不
要忘记其他方面取得的成就。积极的思维能使人在悲观中看到前
途，化冷漠为热情，变焦虑为镇静。

4. 当对方触犯你时，我们也可以站在对方的角度想一想，可
能就会觉得对方的行为情有可原。这样，不良情绪就会减弱，甚
至消失了。

总之，如果你不想被负面情绪困扰，就必须加强心灵修养，
做一个既不容易被负面情绪影响，也不轻易将坏脾气传达给他人
的人。

第二章

收起不满情绪，生活更加美好

不抱怨，才是真正的智者

我们在日常生活中，几乎随时都能听到各式各样的抱怨：抱怨自己出身不好；抱怨老板太苛刻；抱怨生活不如意；抱怨薪水太低；抱怨儿女不听话；抱怨公司管理制度过严……诸如此类的抱怨是不少人的生活写照，他们整天处在一个消极的生活态度中，一种不被重视的不公平感使他们的心中充满了不满、抱怨，甚至愤怒。如果一个人总是抱怨自己的命运，把自己的不幸归咎于他人，这样只会影响到自己的工作和生活。

布兰特原本是一个很有前途的心理医生，刚刚进入这一行业的时候，他像其他人一样充满了雄心壮志，但是在这个岗位上工作了两年时间后，布兰特开始变得愤世嫉俗，他甚至比前来咨询的病人更加满怀负面的情绪。他觉得老板给他的薪水过低，觉得老板不重用他，而自己提交的升职报告也一次都没有被回复过。

而真实的情况是，老板决定在下半年的集体会议上宣布提升布兰特为主治医生一事。然而布兰特并没有了解上司对他的期望，也不是兢兢业业地做事，他总是抱怨说："再做下去一点意思也没有了。从早到晚都是面对病人的抱怨，脑袋都要爆炸了，恨不得找个地方躲起来。患者究竟要治疗到何种地步竟然是一群外行在制定标准，他们对治疗一窍不通，但我们却不得不遵守他们的标准。"

天下没有不透风的墙，布兰特的这些牢骚很快便传到了老板的耳朵里。老板对布兰特的表现感到非常的失望，一直以来老板就对布兰特抱有很高的期望——事实上，布兰特的情况老板不是没有看到，但是老板认为，布兰特过于年轻，需要接受基层业务的扎实训练。但是，当老板听到布兰特的抱怨和牢骚之后，老板打消了尽快晋升布兰特的想法。当布兰特再次得知没有晋升的消息时，布兰特彻底地变成了一个典型的工作倦怠者，最终他不得不离开这个职位。

这个事例告诉我们，抱怨解决不了问题，相反，埋怨问题的发生或是过度地自怨自艾，还会让你情绪不稳定，增加你的压力，让你更难处理那些干扰你的事情。

常常抱怨的人，其实是不热爱生活的人，或者说是不理解生活的人。生活是需要你理解的。你不理解生活，你就会常常有愤愤不平的感觉，你就会有怀才不遇的感觉，你就会牢骚满腹，你就会觉得运气不佳。

生活本来就不是事事如意、十全十美的，相反，起起落落、悲欢离合才是常态。这是现实，你必须承认，所以你不要抱怨。能够忍受不公平的待遇，并且以平常的心态对待，这是人生的一个境界，也是我们努力追求的方向。坦然面对生活，用微笑来迎接一切困难。如果一旦遇到波折、困难或不顺心的事，就抱怨他人，感叹自己"怀才不遇"，悔恨"明珠暗投"，对生活失去兴趣，对美好的东西失去追求。这种心理不仅会磨损人的志气，而且是一个人生活幸福的致命伤。

有一个年轻人，他出生在1814年的德国，他的家庭非常富裕，他在家庭的庇护下度过了自己无忧无虑的少年时代。但让人意想不到的是，在1833年，他家道中落，并因为政治原因不得不逃到瑞士，这让他体验到了从未有过的艰辛，他的脾气也因此变得非常暴躁。

有一天，他路过一块农田，这里刚刚发过洪水，原本长势良好的庄稼被摧毁，一片狼藉。他看到这一切，不禁联想到自己的命运，于是伤感起来。这时，远处一个正在劳作的农民吸引了他的注意力。他不禁纳闷：庄稼已经长成这样了，他还在干什么？年轻人走近一看，那个农民正在卖力地补种庄稼，他非常认真，脸上没有一点不耐烦和沮丧的神情。年轻人问道："庄稼被毁掉了，你一点怨言都没有吗？"农民回答："抱怨没有一点用处，那只会让事情变得更糟。我想这一切都是上帝的安排。你看，虽然洪水毁掉了庄稼，但却带来了更丰富的养料。我敢保证今年种出来的庄稼一定比往年更茂盛。"说完，农民满足地笑了起来。

听完农民的话，他觉得受到很大的启发。是的，抱怨不能改变任何事实，只会使事情变得更糟糕。他的心情立刻豁然开朗了。

后来，他成了一名药剂师助手，他发现自己喜欢上了科学研究。那个年代，因为婴儿没有合适的奶制品，导致死亡率很高。他于是开始研究可以减少婴儿死亡的奶制品。在研制的过程中，他经历了很多次失败。但每次他想要抱怨的时候，他就会想起那个农民的话。于是他又停止抱怨的念头，积极投入到研究中去。

1867年，他成立了自己的食品公司，用他研制的一种将牛奶与麦粉科学地混合制成的婴儿奶粉，成功地挽救了一个因母乳不足而严重营养不良的婴儿的性命。从此，公司辉煌的百年历程就开启了。这个年轻人就是亨利·内斯特莱，他所创立的公司品牌就是雀巢。

诺贝尔文学奖得主、法国思想家罗曼·罗兰曾说过："唯有将抱怨的心情，转化为前进的动力，才是成功的开始。"抱怨是世界上最没有价值的语言，只是一味地去抱怨自身的处境，对于改善处境没有丝毫益处，只有先静下心来分析自己，并下定决心去改变它，付诸行动，它才能向你所希望的方向发展。一分耕耘、一分收获，不要企望在抱怨或感叹中取得进步，事情的进展是你的行为直接作用的结果。事在人为，只要你去努力争取，梦想终能成真。

面对生活，有很多事情不能如己所愿，但是抱怨又有何用呢？如果我们可以管理好自己的情绪，冷静地分析现状，放弃无谓的抱怨，说不定还会有意外的收获，我们的人生也会因此而变得更富有弹性。

停止抱怨，学会调整情绪

有这样一个故事：

一个年轻的农夫准备将自家的农产品送到另一个村子

去，卖给那里的居民。他将货物装上船，哼着歌就出发了。由于天气酷热难耐，不一会儿，农夫就汗流浃背了。他心烦意乱，只想赶快完成运送任务，尽快返回家中。突然，他发现一只小船迎面向自己快速驶来。农夫一惊，眼看两只船就要撞上了，但那只船却一点避开的意思也没有，直冲冲地驶过来，似乎有意要撞翻农夫的船。

农夫顿时气得大喊："快点让开！"对方依然没有让开的意思。农夫又大声吼道："再不让开，你就要撞上我了！"但这完全没有作用。最终，农夫只好手忙脚乱地企图让开水道，但为时已晚，两只船还是重重地撞上了。农夫彻底被激怒，他厉声呵斥道："你会不会划船？这么宽的河面，你为什么一定要往我的船上撞？"农夫生气地抱怨了一通，却吃惊地发现，小船上空无一人，刚才听他抱怨的，只是一只挣脱了绳索、顺河漂流的空船……

试问一条挣脱了绳索顺河漂流的空船又怎么能够改变自己的航向呢？农夫此时突然感到无比的感慨，其实能够改变事件结局的正是自己，但是自己方才却是在一直不停地抱怨？这又是多么滑稽的事情啊！

这个故事告诉我们，抱怨得再多，事情也不会随着你的意愿改变。甚至抱怨到最后，你会发现，原来你抱怨得毫无意义，做错的只是你自己。如果你希望避免或者早点结束一件糟糕的事情，那么你最应该做的不是抱怨，而是积极地从自身出发去解决问题。

常言说："过多抱怨不利发展。"在一个人追逐成功的道路上，抱怨就像一个障碍物挡在路中，让你无法顺利前进，在挫折中逐渐消磨意志，沉溺在烦恼之中，成为一名弱者。纵观古今中外，你会发现每一位成功人士都不会对环境大发牢骚、抱怨不停、烦躁不安，尽管他们遇到的是比普通人更艰难的困境，可是正因为他们积极地克服了这些难题才能取得最后的成功。所以说每一个人在生活中一定要放下抱怨，因为它对自身的生理和心理百害而无一益，是心里最沉重的负担。

卡尔和詹姆斯同时被公司解雇了，两人的生活从此陷入了困境。卡尔在找不到其他工作时，干脆自己做起了小生意。这是他第一次当老板，做自己以前并不想做、也不熟悉的事。虽然面临很多的困难，但卡尔却突然觉得生活更有意义，更具有挑战性，并认为这一切都是"被公司解雇"带来的好处。

面对失业，詹姆斯却以酒浇愁，抱怨上天不公。他不愿重新去找工作，也不愿像卡尔那样自谋生路，而是一味地怨天尤人，终日咒骂上苍的不公平。

若干年后，卡尔和詹姆斯在大街上相遇了。这时的卡尔作为一个施舍者，向街边一个年老的、衣衫褴褛的乞丐递过去10美元，而那个伸着双手、跪在地上的乞丐正是詹姆斯。

同样的境遇，但是因为二人面对困境时不同的心态，造成了他们人生的天壤之别。

本杰明·富兰克林说："任何愚人都会批评、指责和抱怨——而且大多数愚人正是这么做的。"在现实生活中，很多人遇到了不公平的事情时，不是想办法努力去改变，而是不停地抱怨。抱怨虽然能让人获得短暂的平衡，但是并不能解决问题。因为一味地对不公平的事实进行抱怨，一味地强求生活中绝对的公平，最终，也只能在自己的叹息中虚度一生。

生活中本来就存在着太多的不公平，这是我们无法逃避的，也是无法选择的。我们只能接受已经存在的事实并进行自我调整。承认生活是不公平的客观事实，并接受这不可避免的现实，把用来抱怨的精力放在工作上，脚踏实地地去做一番事业，认真地去思考生活的方式，你会发现，生活可以更美好。

维特小时候和几个朋友在艾奥瓦州的老木屋顶上玩。他们都喜欢爬上屋顶，然后跳下来，但有一次当维特跳下来的时候发生了意外，他左手的食指戴着一枚戒指，下滑的时候钩在了钉子上，他的左胳膊被扯断了。维特大声尖叫起来，非常惊恐，他想到自己可能会死掉。虽然最后胳膊治好了，但留下了后遗症，这条胳膊提不了重的东西。

起初维特很伤心，他总是想，自己再也不能像以前一样随意和小伙伴玩耍了。可是后来妈妈总是和他说："孩子，事情既然已经发生了，就要从容地接受，因为不管你怎样伤心难过都于事无补。既然事情已经发生了，唉声叹气又有什么用？还不如轻松地去接受。"维特接受了母亲的劝告。

后来，维特拥有了一家自己的公司。有一次，他在办公大楼的电梯里遇到一位女士，维特注意到这位女士的左臂没有了。维特问她："缺了一只手是否觉得难过？"那位女士说："噢！不会，我根本就不会想到它。我只是在穿针引线时觉得不便。"

显然，维特和这位女士的心态是正确的，当发生不如意的事情时，他们没有选择抱怨，而是勇敢地接受和从容地面对。他们知道，抱怨只是徒增烦恼，而这种烦恼会不断地耗费自己的精力，还会折磨周围人的思想意识，使自己看不到前进的方向。

不抱怨的关键在于要勇敢地面对现实，处于逆境时要寻找解决问题的方式，找出成功之路，做自己的守护神。当你不再抱怨的时候，虽然现实还是那些现实，但是你的生活却开始进入了一个崭新的状态。而且，更重要的是，不抱怨的心态，对于一个人的生活有着积极的导向快乐的作用——对于不抱怨的人来说，生活中根本就不存在什么让人伤心欲绝的痛苦，因为他们即便是处在难过和灾难之中也总能及时地找到心灵的慰藉。

正如在黑暗的天空中，总能或多或少地看见一丝光亮一样，具有不抱怨心态的人，眼里总是闪烁着愉快的光芒，而且也总是显得欢快、达观、朝气蓬勃——虽说也会有心烦意乱的时候，但不同于别人的就是他能够坦然地接受这些烦恼，既没有忧伤也没有哀怨，然后从容地拾起生命道路上的花朵继续奋勇前行。可以说，具有不抱怨心态的人，无论什么时候都能够感到光明、美丽和幸福的生活就在身边。他们眼里流露出来的光芒，会使整个世界都流光溢彩，从而把寒冷变成温暖、把痛苦变成舒适。

英国作家萨克雷有这样一句名言："生活是一面镜子，你对它笑，它就对你笑；你对它哭，它也对你哭。"如果我们不再抱怨了，那么我们就能够时刻看到生活中光明的一面——即使是在伸手不见五指的夜晚里，也知道星星仍在闪烁，从而帮助我们有效地摆脱烦恼的侵袭，进而真正地拥有整个世界。

坦然接受生活中的不如意

生活中总有很多不如意的地方，但抱怨是解决不了问题的。抱怨是一种有害的情绪，又是人们最容易产生的情绪。抱怨之所以有害，是因为抱怨会让人产生消极的情绪，让人戴上有色眼镜看世界。抱怨会磨灭人的斗志，磨损人的动力。倾向于抱怨的人，总是会否认人存在的主观能动性，不能通过自我改造来适应世界和不断改造环境。他们容易认为环境因素是不可以改变的。倾向于抱怨的人总是会否认外界存在的有利因素，因为抱怨自动把有利的方面都屏蔽了，抱怨会让自我陷入自怨自艾中，掉入泥潭而最终伤人伤己。

荀子说："自知者不怨人，知命者不怨天，怨人者穷，怨天者无志，失之己，反之人，岂不迂乎哉！"这就是说，我们要学会自我调适，对自己，对环境，都要有一个清醒的认识，尽量冷静下来，把问题想通、想透，这样才不会怨天尤人，才能把命运的主动权牢牢攥在自己手中。

"开口抱怨，不如闭嘴做事"，这句话没有华丽的辞藻和复杂的修辞，只是一个普通父亲对儿子的训导，但正是这句朴实的话造就了一个成功的商人。这个人就是张明正。

张明正出身于一个贫寒的家庭，读书时成绩也不尽如人意，经常受到老师的批评。高中毕业之后，张明正甚至连普通大学都没考上。拿到高考成绩之后，平时就爱抱怨的张明正变本加厉，不停地抱怨自己的家庭条件不好、抱怨父母没有为他创造良好的学习环境，但是从没看到自己的不足。

由于父亲确实没有能力为孩子创造良好的物质条件，因此张明正平时抱怨的时候他总是耐心地教育张明正要凭借自己的实力去取得成功，而不要像他一样一辈子碌碌无为。这次，父亲面对张明正的抱怨时却愤怒了："张明正，我人生失败是我自己没有能力！但是你的失败该由你自己承担！你与其这样无休止地开口抱怨，不如静下心来埋头做事！"一向温和敦厚的父亲突然发了脾气，不仅震惊了张明正，也震醒了张明正。从此，张明正果然停止了抱怨，补习了一年之后成功考取了一所不错的大学的应用数学系。

从此之后，张明正再也不抱怨自己出身贫寒，再也不抱怨世道不公，而是勇敢地面对困境和挫折，用"开口抱怨不如闭嘴做事"来引导自己的人生。正因为如此，张明正接受了自己出身贫寒的事实，已经输在了起跑线上的事实，那么要想提前到达终点，唯一的办法就是拼尽全身力气在人生的跑道上奔跑，而不是抱怨起跑太迟。

在大学期间，张明正就不断丰富自己，毕业之后经过努力创办了自己的公司。通过自己切身体会，"开口抱怨不如闭嘴做事"也成了公司文化。在这一理念的推动下，他的公司很快就成长壮大起来。就这样张明正带领着他的员工秉承着"开口抱怨不如闭嘴做事"的精神，在商海中一路打拼，终于在高科技行业展露了头角并成为领军人物。

在短短的时间之内，张明正以5000美元在洛杉矶创业，经过商海沉浮，到现在拥有了世界上最大的单一软件公司，该公司市值高达70亿美元，曾经被权威杂志评选为全球前100名最热门的上市公司之一，而张明正也曾经连续两次被《商业周刊》推选为"亚洲之星"。

　　抱怨生活，只能让自己意志消沉，沮丧，心灰意冷，甘为庸碌，最终迷失自我。停止抱怨，努力工作和生活，世界将会更美好。只有不抱怨生活的人，才是生活的主人。只有不畏惧生活中的不平和磨难，在生活中历练自己，促使自己成长和成熟，羽翼丰满，才能在广阔的天空翱翔，放飞梦想，实现人生价值。

　　抱怨生活只是弱者失败的借口。生活本来就是不公平的，永远不要抱怨生活，因为生活根本不知道你是谁！我们只有用平凡的心去面对生活给我们的不如意，心中的乌云才会慢慢散开。而抱怨永远只会使你的生活变得更加糟糕！

　　人的一生，难免会遇上一段困苦不堪的厄运，失业、疾病、婚变等，以及各样的天灾人祸。但是任何时候都不能忘记努力。面对厄运，有的人泰然处之，千方百计寻找解决之道，发扬自力更生艰苦奋斗的精神，发挥特长，弥补不足，最终摆脱困境，走向成功。有的人在厄运面前，一筹莫展，愁眉苦脸，甚至萎靡不振，埋怨不已。要知道，厄运无法避免，但是生活可以更加丰富多彩。

　　如果没有20年前那场大火，科比应该跟正常人一样拥有不错的工作和幸福美满的家庭，可是那场大火把一切都毁了。他从光明的世界里一下子跌入无边的黑暗，失去了工作，妻子也离开了他，只好靠乞讨为生。

　　一天中午，他蹲在路边，忽然听到有脚步声，还有手杖敲地的声音，他猜测对方大概也是个残疾人。虽然心里没抱什么希望，但他还是向前凑了凑，说："行行好吧，可怜可怜我这个盲人吧。"

脚步声停止了，手杖声也停止了，只听对方说："我很愿意帮助你，这个，你拿着。"科比摸索着接了过来，他惊奇地发现那竟然是一张百元大钞，这是他第一次收到这么大额的钞票，他想对方一定是个有钱人。

于是，他一边道谢，一边说："先生，您是个大好人。您不知道啊！其实我并不是生来就瞎眼的，20年前，这条街上有一家餐厅发生了火灾……"他想博取更多的同情。

"你也是那场火灾的受害者吗？"对方问。

科比一听对方也知道那场大火，更来了精神，他又向前凑了凑说："哦，您也知道那场大火吧，那火整整烧了两天两夜啊，天啊！当时烟那么大，我找不到出口，等我醒来的时候，什么都看不见了。"

见对方没有吱声，科比又接着说："都怪那场大火，害得我变成了现在这个样子，到处流浪，孤苦伶仃，当年的肇事人也没赔偿，我真命苦啊！……"

没想到对方拍拍他的肩膀大声说："其实，我也是在那场大火中受伤的，我也失明了，并且被毁容了……"

科比这才想起刚才的手杖声，又想起刚才他给自己的百元大钞，他马上愤愤不平地说："上帝对我不公平啊！你我同样都受伤了，为什么你可以成为有钱人，而我却落魄潦倒呢？"

对方却笑了笑说："不！我从来不觉得我的命运是悲惨的，也从来不觉得上帝对我不公平！因为我失去了视力，所以我有更敏锐的听力，才能分辨音响的好坏，创造出销售的佳绩。我相信，任何表面的不幸，都是上帝要给我们更大的祝福！"

科比听着手杖敲地的声音有节奏地远去，深深地叹了口气……

生活中有很多意外是无法选择和逃避的，我们永远不知道下一秒会发生什么，所能做的只有接受已经存在的事实并进行自我调整。抗拒生活的给予可能会毁了自己的生活，因此暂时无法改变不公和不幸时，要学会接受它、适应它，把不公平的现状甩在脑后，创造不一样的生活，从而获得成功。

在人生的道路上，我们会遇到种种困难，这仿佛都是上天安排好的，但我们无须抱怨，因为上帝在关上一扇门的时候，往往同时打开一扇窗。所以，我们只有经过不断的努力，才能找到新的出口。如果缺少这些经历，就无法取得成功。

与其抱怨环境，不如改变自己

在英国威斯敏斯特教堂的地下室，主教的墓碑上写着这样的一段话：

当我年轻的时候，我的想象力没有受到任何限制，我梦想改变整个世界。

当我渐渐成熟明智的时候，我发现这个世界是不可能改变的，于是我将目光放得短浅了一些，那就只改变我的国家吧！但是这也似乎很难。

当我到了迟暮之年，抱着最后一丝希望，我决定只改变我的家庭、我亲近的人——但是，唉！他们根本不接受改变。

现在在我临终之际，我才突然意识到：如果起初我只改变自己，接着我就可以改变我的家人。然后，在他们的激发和鼓励下，我也许就能改变我的国家。再接下来，谁知道呢，或许我连整个世界都可以改变。

当我们没有能力去改变环境的时候，尤其是环境不利于我们的时候，就改变自己，这是一种智慧、一种策略。

面对不如意的环境，改变自己是发展自己的必要条件。达尔文曾经说过："不要期待环境为你而变，而要争取尽快地改变自己来适应环境。"只要我们还活着，必然面对生存；只要我们想更好地生存，必须学会改变自己。外部的生存环境是残酷的，我们只有认清环境，改变自己，才能获得更好的发展。

约翰是一个有志的青年，但他却总觉得老板对自己不重视，怀才不遇，很不满意自己的工作，他愤愤地对朋友说："我的老板一点不把我放在眼里，改天我要对他拍桌子，然后辞职不干。"

朋友问他："你对那家贸易公司完全弄清楚了吗？对他们做国际贸易的窍门完全搞通了吗？"

约翰摇了摇头，不解地望着朋友。

朋友建议道："君子报仇十年不晚，我建议你把商业文书和公司组织完全搞通，甚至连怎么修理影印机的小故障都学会，然后再辞职不干。"

看着约翰一脸迷惑的神情，朋友解释道："公司是免费学习的地方，你什么东西都通了之后，再一走了之，不是既出了气，又有许多收获吗？"

约翰听了朋友的建议，从此便默学偷记，甚至下班之后，还留在办公室研究写商业文书的方法。

一年之后，那位朋友偶然遇到约翰，问道："你现在大概多半都学会了，准备拍桌子不干了吧？"

"可是我发现近半年来，老板对我刮目相看，最近更是不断加薪，并委以重任，我已经成为公司的红人了！"

"这是我早就料到的！"他的朋友笑着说："当初你的老板不重视你，是因为你的能力不足，却又不努力学习；而后你痛下苦功，通过学习以后，工作能力不断提高，当然会令他对你刮目相看。"

与其抱怨，不如改变。在生活和工作上，遇到一些不公平的事情是正常的，也是暂时的。如果我们经常把不满、不幸的事挂在嘴边，认为是命运在跟自己过不去，过分强调外在因素，而没有从自身查找原因，就会陷入抱怨的深渊，看不到成功的阳光。很多时候，我们应该检视一下自己是不是足够努力，是不是尽了全力，而不是一味地抱怨自己缺少成功的机会。

世界上没有一种生活是完美的，也没有一种生活会让一个人完全满意。如果你想抱怨，生活中一切都会成为你抱怨的对象；如果你不抱怨，生活中的一切都不会让你抱怨。要知道，一味地抱怨不但于事无补，有时还会使事情变得更糟。所以，不管现实怎样，我们都不应该抱怨，而要靠自己的努力来改变现状。

　　小李在一家公司打工，刚进公司时和公司其他的业务员一样，拿很低的底薪和很不稳定的提成，每天的工作都非常辛苦。他拿着第一个月的工资回到家，向父亲抱怨说："公司老板太抠门了，给这么低的薪水。"慈祥的父亲并没有问具体数字，而是问："这个月你为公司创造了多少财富？你拿到的与你给公司创造的是不是相称呢？"实际上，由于刚进公司，小李连一个客户订单都没有接下，因此对于父亲的话，他只能哑口无言。

　　从此，他便改正了自己好抱怨的不良心态，既不抱怨别人，也不抱怨自己，更多的时候只是感觉自己这个月为公司创造的成绩太少，甚至觉得对不起公司。

　　于是，他更加勤奋地工作，早出晚归。慢慢地，小李接下的订单越来越多。两年后，他被提升为公司主管业务的副总经理，工资待遇提高几倍，这时的他时常考虑的仍然是："今年我为公司创造了多少效益？"有一天，他手下的几个业务员向他抱怨："这个月在外面风吹日晒，吃不好，睡不好，辛辛苦苦，大老板才给我500元！你能不能跟大老板建议给增加一些？"他问业务员："我知道你们吃了不少苦，应该得到回报，可你们想过没有，你们这个月每个人给公司只赚回了1000元，公司给了你们500元，公司得到的并不比你们多。"业务员都不再说话，以后的几个月，他手下的业务员都成了全公司业绩最优秀的业务员，他也被老总提拔为常务副总经理，这年他才27岁。当他去人才市场招聘时，凡是抱怨以前的老板没有水平、给的待遇太低的人他一律不要，他说："持这种心态的人，不懂得反思自己，只会抱怨别人，是不会同公司共发展的。"

习惯于抱怨者遇到问题时，总是把责任归结在客观原因上，否定自身具有的主观能动性，不通过自我改造来改变环境，最终等待他们的也只有失败。因此，不要抱怨你受到的不公平对待，"存在就是合理的"，你所受到的不公平待遇是有它"存在"的背景、条件和原因的。我们要做的是去寻找改变自己的方法，因为一切都有可能改变。改变了自己的心境，丢掉了抱怨，你也就改变了自己的人生。

少一些攀比，就会少一些坏情绪

生活累，一小半源于生存，一大半源于攀比。攀比会给人带来强烈的不平衡感以及无力的抱怨，于是，我们变得羡慕、嫉妒，甚至仇恨。这些负面情绪蒙蔽了我们的心智，让我们盲目地陷入生气和愤怒之中，变成暴躁情绪的奴隶，严重违背了我们追寻快乐人生的初衷。

攀比之心，人皆有之。如果只是一味盲目攀比，只会给自己带来不必要的烦恼。俗话说"人比人气死人"。无论在什么场合，有的人总喜欢攀比，这样的人无论怎么富有，生活似乎总是痛苦的，而痛苦的根源在于自己太爱攀比。

　　"我昨天听隔壁老王他媳妇说，老王又升职了。是吧？"妻子问丈夫。"嗯。"坐在沙发上看电视的丈夫回答得有气无力。"你怎么不跟我说呢？你俩还一个单位的呢！""别人的事我不关心。再说，是他升职，又不关我的事，你叫我说什么呀？"丈夫的语气有些不太高兴。"唉，这老王还真是有能力，连连升职，你说他有什么手段吧？""不知道。""他媳妇可真幸福，找个这么好的老公。""你说这话什么意思？跟我过就不幸福了是吧？你要觉得老王好，那你找人家去啊！"老公火了，走进卧室把门砰的一声关上。妻子觉得莫名其妙，自己没说什么怎么就惹得老公生那么大气。

　　这完全是盲目攀比的心理在作怪，攀比总是伴随着抱怨，使我们的心理无法趋于常态。攀比是无止境的，如果永远都抱着攀比的心态生活下去，那么每天的生活都将处在水深火热之中。攀比有时就像一把利剑，刺向自己心灵的深处，而且攀比对人、对己都十分不利，最终伤害的只有自己的幸福和快乐。

　　几十年前，《巴尔的摩哲人》的编辑亨利·路易斯·曼肯就曾说过，财富就是你比你妻子的妹夫多挣100美元。行为经济学家说，我们越来越富，但并没有更幸福的部分原因是，我们老是拿自己与那些物质条件更好的人比。

　　有一位爱和别人比较的妻子对丈夫说："我们绝对不能输给别人，你看你的同事小李，他职位不比你高，能力你们旗鼓相当，因此他有什么我们也一定要有什么。记住了吗？

我问你，你知不知道他家最近又添了什么？"

丈夫回答："他最近换了一套家具。"

太太说："那我们也要换套新的家具。"

丈夫又说："他最近买了一辆车。"

于是太太又说："那你也应该马上买一辆啊！"

丈夫接着又告诉太太："小李他最近……最近……算了，我不想说了。"

太太马上大声追问："为什么不说，怕比不过人家呀！快点说。"

丈夫便小声地跟妻子说："小李他最近换了一个年轻漂亮的妻子。"

太太没话说了。

这个太太是可笑的，什么都要和人家攀比，直到最后，听说人家把太太也换了，她才作罢。

人生最悲哀的事情就是拿自己的处境和别人做比较。攀比不是罪过，但攀比心太强必然烦恼丛生。跟在别人后面亦步亦趋，在越来越让人眼花缭乱的欲望对象面前患得患失，将永远也体会不到人生最值得珍视的内心和平。

攀比源于对自己、对现状的不满，鲁迅说："不满是向上的车轮"。有追求、有梦想是件好事，但是，这不等同于盲目攀比。现在，有很多人不断地去寻找、探索、追求幸福感，但终不得其果。心理学家认为，幸福与否主要是期望的反映，在很多情况下，是跟别人攀比造成了幸福感的缺失。感受不到幸福是因为对幸福的期望太高，设定的条件太苛刻，无法激发、启动对幸福感知的神经，甚至是对幸福的感觉反应迟钝，所以有些人常常会不开心，感受不到幸福。

刘楠在一家外企任职，她的上司比她小一岁，可是年收入却相当可观。她觉得与上司相比，自己简直像个讨饭的。很长一段时间里，她为此苦恼不已。在她看来，同样是人，可是彼此间的差距怎么就这么大呢？她甚至感到自己是无能的，为此忧虑不已。

直到有一天，她参加了大学同学聚会。当昔日的同窗共聚一起时，她成了大家眼中比较成功的一位，30岁不到，就已在北京这个物价甚高的城市里有了房，有了车，最重要的是有一份稳定且发展空间较大的好工作。与她相比，好多同学都慨叹自己还在温饱线上苦苦挣扎。经过这次聚会，刘楠重新找回了自信，当然这并不是贬低自己的同学，而是她开始意识到了什么样的心态才是正确的。从那以后，她工作更加卖力了，面对自己的老板心理也平衡了。她想人与人之间其实并不具有多少可比性，向强者学习，不断提升自己。但在强者面前也要保持一颗平常心，理性地看待对方的成功、自己的不足。

人们常说："比上不足，比下有余"，生活幸福的人未必比别人更富有、更健康、更美貌，却一定能安然接受"并不比别人更好"的自己，因此并不强迫自己处处与人比个高低，才能感到生活的幸福。

有一句格言说得好："如果你仅仅想获得幸福，那很容易就会实现，但是，如果你希望比别人更幸福，那将永远都难以实现。"其实，如果你想幸福，有一件非常简单的事你能做：那就是与那些不如你的人、比你更穷、房子更小、车子更破的人相比，你的幸福感就会增加。可问题是，许多人总是做相反的事，他们老在与比他们强的比，这会生出很大的挫折感，会出现焦虑，觉得自己不幸福。所以，我们要学会知足。无论贫或富，我们都不必和别人攀比，不必奢求荣华富贵、锦衣玉食。只要过好自己的日子，感悟生活的真谛，享受生活带来的快乐，你就会感受无比的幸福。

总之，每个生命都有欠缺，所以你不需要和别人比较，更不必为此生气。别人有比你好的地方，你也有比别人幸运的地方。不再与人作无谓的比较，反而更能珍惜自己所拥有的一切。

控制自己的情绪，理性地面对别人的批评

在现实生活中，有的人一听到批评意见，就觉得如芒在背，也不管批评得对与不对，便想当然地认为批评者是存心跟自己"过不去"。其实我们完全可以用平常心去对待这些批评，心平气和地聆听，即便对方说得有些偏颇，我们也可以用更冷静的方式去应对。任何时候，生气抓狂只会让事情变得更加糟糕。

柏拉图是古希腊最伟大的哲学家，他年轻的时候就已经非常有成就了。有一次，一个朋友送了他一把精致的椅子，不久之后，柏拉图邀请了一群人到家中做客，大家看到了那把漂亮的椅子，纷纷询问它的来历。得知原因之后，大家也

都纷纷对柏拉图表示赞赏。突然，其中一个人站上了那把椅子，疯狂地乱踩乱跳，嘴里还念念有词道："这把椅子代表着柏拉图心中的骄傲与虚荣，我要把他的虚荣给踩烂！"

这一举动让在场的人，包括柏拉图在内都吓了一跳！但随后柏拉图做了一个平静的举动，只见他不疾不徐地回房里拿出了块抹布，把那把已经被踩得脏兮兮的椅子擦拭干净。之后还请那位踩椅子的朋友坐下，不紧不慢地用诙谐并颇具深意的语气说道："谢谢你帮我踩碎我心中的虚荣，现在我也帮你擦去你心中的嫉妒。这会儿，您可以心平气和地坐下和大家喝茶、聊天吗？"

人人都有发表批评意见的权利，不管是对还是错，这是你不能阻止的。对于那些不合理的批评，我们何必大动肝火，保持一个清醒的头脑，理智对待批评不是更好？

美国著名总统林肯曾针对那些对他刻薄的恶意批评写了一段话，林肯的这段话被后来的英国首相丘吉尔裱挂在了自己的书房里。林肯的这段话是这样说的："对于所有恶意批评的言论，如果我回答它们的时间远远超过我研究它们的时间，我们恐怕要关门大吉了。我将尽自己最大的努力，做自己认为是最好的事情，而且一直坚持到终点。如果结果证明我是对的，对那些恶意批评便不去计较；反之，我是错的，即使有十个天使为我辩护也是枉然啊！"

对于他人的恶意批评，我们可以采取淡然面对或置之不理的态度；但对于他人的善意批评，我们要采取虚心接受的态度。只有这样，我们才能真正进步。

现实生活中，人们往往可以通过他人的批评来正视、修正自己的错误行为，从而提高自身能力。必须承认，他人的批评，除了少数是别有用心之人的恶意诽谤之外，绝大部分都是善意的、正确的，都是针对我们的缺点和不足提出来的。与其等待敌人来攻击我们，倒不如认真对待身边人的批评，先对自己的"堡垒"进行一次检修和加固。

唐太宗李世民说："以铜为鉴，可正衣冠；以古为鉴，可知兴替；以人为鉴，可明得失。"坦然接受他人的批评不仅是心理强大的表现，还能帮助我们不断进步。通过别人的批评，我们可以认识到自己的缺点和不足，从而积极改正。如果闭目塞听，我们自会狂妄自大或者盲目自卑。所谓"旁观者清，当局者迷"，自己对自己的看法总是带有主观色彩，而他人对我们的看法则往往是公正客观的。

被称为初唐四杰之一的骆宾王，曾写诗批评武则天。一篇《讨武曌檄》，立论严正、先声夺人，将武则天置于被告席上，列数其罪。借此宣告天下，对起兵反对武则天起到了很大的宣传鼓动作用，使徐敬业几天内便召集了十万军队，竖起了"讨武"大旗。

武则天初知此文时竟然笑说："这檄文文笔一定不坏，我倒想欣赏一下呢。"

看了文章开篇，武则天就评价说："文章这头起得好。"

当读到文中骂其出身卑微、性情不和顺时，武则天很谦虚地称确实如此。

当看到文中说她淫贱迷惑先帝时，武则天竟然把注意力放在文章的表达上，击节赞道"这两句对得好！"

当读到"一抔之土未干，六尺之孤何托"句时，她忙问身边的人，这文章是谁写的？当她知道是出自骆宾王之手时，先是赞叹，然后十分惋惜地说："有如此才，而使之沦落不偶，宰相之过也！"

后来，一意恢复李唐天下的李逸，听到武则天对此文泰然处之的事后，大吃一惊，心中想道："骆宾王把她骂得狗血淋头，她不但不动怒，反而责怪宰相不善于用人，这度量真非常人所及。我们与她争夺天下，这盘棋只怕是输定的了！"

坦然接受别人的批评，我们才能认真分析批评的对错和自己的得失。把别人的批评看作理所当然，并坦然接受，才能将批评本身的负能量转化成积极影响。

生活中，有些人受不了别人对自己的批评，哪怕是最微小的一个批评、纠正或指责，甚至是建议，都会令其生气不已，甚至因此做出十分过激的反应。其实，面对别人的批评，保持冷静和虚心接受是非常重要的。但同时，我们还要有客观评价自己的标准，否则将很难判断别人的批评是善意与否；另外还要有主见，这样才不会乱了方寸，不知所措。别人的批评并不完全对我们有利，难免会有居心叵测的人故意伤害我们。有时候，因为对事情的看法不同，别人的善意批评也有可能是错误的。所以，对于别人的意见我们要学会鉴别。

第三章

消除焦虑情绪，坚持正向能量

打破空虚，重新点燃你的激情

　　在现代社会，物质文明越来越发展，人们的精神世界似乎却越来越空虚。所谓空虚是指百无聊赖、闲散寂寞的消极情绪，即人们常说的"没劲"，是心理不充实的表现。空虚心理其实是一种社会病，极为普遍。当社会失去精神支柱或社会价值多元化导致人们无所适从时，或者个人价值被抹杀时，就极易出现这种不良心理。

　　哲学家叔本华说过，人生不过是短暂的满足，以及不满足时长久的空虚。我们所经历的各种情绪中，就以"空虚感"最无以名状且捉摸不定。很多人的焦虑都是由空虚引起的，空虚感就像是心里面的黑洞，具有巨大的吸力，一旦被卷进了黑洞，整个人也就被空虚感所缚。这正是空虚让人束手无策的地方。常常是越想去弄清楚，或去克服这种虚无，就越深陷其中。

　　精神空虚的最大危险是，它迟早会导致痛苦的焦虑和绝望。如果不加以纠正，它最终的结果是个体心理上的萎缩与枯竭。内心空虚的人不思进取，没有人生的奋斗目标，自然不会有奋斗的乐趣和成功的欢愉。他们无所事事或不愿做事，就会感到生活无聊、心灵空乏虚无、寂寞难忍。

　　柳娜在一家公司工作好几年了，但她并不喜欢这份工作，因为这不是自己的兴趣，薪水也不高。这份工作非常清闲，让柳娜每天都有大把的闲暇时间，她觉得自己的状态和一个退休的老人差不多。她体会不到价值感，甚至好一点的物质生活也无法享受。强烈的空虚感，让她每天都陷入了纠结中。

"怎么办？"柳娜问自己。

她心里另一个声音说："你不能再这样混日子，再这样下去，你这辈子必将一事无成！"

听到这个声音，柳娜心里一激灵，她振作起来，去报考了中文系的本科专业，她要学习、要充实提高！这以后，柳娜的精神状态变了，上班比以前有劲了，下班也不再四处溜达，晚上也不把时间消磨在电视机前了，她把所有的业余时间用来学习、读书、写作。

三年后，她拿到中文系本科生的毕业证书，顺利应聘为一家杂志社的编辑。这份工作不仅有良好的待遇，重要的是能发挥她的特长，让她每天都处于快乐的情绪当中。

这个时候，她想起三年前的自己，那时的她和现在的自己简直是判若两人。之所以有现在的自己，在于她没在空虚的情绪里沉溺，而是跳了出来，将空虚化为了充实自我的正能量！

对于心理极度空虚的人来说，能够及早发现、认识到它的危害并加以调整是非常必要的。而如果一味地空虚无聊下去，那当你年老之后，回忆自己一生的时光时，恐怕就会悔恨不已了。

面对可怕的空虚，你可以运用以下方法来应对：

1. 正确的自我认识。自我认识是自我意识的认知成分。它是自我意识的首要成分，也是自我调节控制的心理基础。深入认识了自己，才能发现自己的爱好、兴趣和目标，从而在各方面丰富自己的内心世界。这样正确认识自我才能从自身方面去摆脱空虚心理。

2. 调整需求目标。空虚心态往往是在两种情况下出现的：一是胸无大志；二是目标不切实际，使自己因难以实现目标而失去动力。因此，摆脱空虚必须根据自己的实际情况，及时调整生活目标，从而调动自己的潜力，充实生活内容。

3. 改变懒散的习惯。因为懒散，不想有所追求，无所事事或不愿做事，就会胡思乱想，寻求消极刺激，自然也会空虚。因此要在生活中消除不切实际的幻想，逐渐养成勤劳的习惯，从劳动中获得乐趣，心灵才会充实而不空虚。

4. 培养读书兴趣。读书是填补空虚的良方。读书能使人找到解决问题的钥匙，使人从寂寞与空虚中解脱出来。要多读名人传记，以名人的奋斗史作为人生的楷模，确立"积极有为"的人生态度。

5. 在工作中充实自我。人类的工作和劳动不仅是人类社会活动的基础，是人类创造价值的核心方式，更是人们用以摆脱空虚的极好的治疗措施。因为当一个人把全部精力投入工作和劳动中的时候，就自然而然地产生一种忘我的力量，忘记个人的荣辱，并从工作中看到了自身的社会价值，使自己的人生充满希望，从而解除不良心态的困扰。

6. 做有理想有志向的人。有志向才会有追求并为之拼搏，才会体验到拼搏的乐趣和成就感，才会珍惜生命。但是要注意志向的现实性：志向太低了无须努力，也不会去努力，志向太高了难以实现，也无从实现，到头来仍然是没有努力和奋斗，依旧空虚度日。所以志向一定要与自身的实际能力相符合。

告别忧虑，踢开绊住前进脚步的小事

生活在这个世界之上，不可能每件事都尽如人意，每个人都会有不快乐或是心情不好的时候，但是如果持续太久，那就是忧虑了。

哲学家伯特兰·罗素说："人类还从来没有像今天这样如此多地忧虑，也从来没有为如此多的原因而忧虑。"忧虑是一种过度忧愁和伤感的情绪体验，正常人也会有忧虑的时候，但如果是毫无原因的忧虑，或虽然有原因但不能自控，显得心事重重、愁眉苦脸，最终就会导致焦虑。

卡耐基从小生活在密苏里州的一个农场里。有一天，在帮妈妈摘樱桃的时候，卡耐基突然哭了起来。妈妈问他："你为什么要哭啊？"卡耐基哽咽地回答道："我怕我会被活埋。"

我们知道卡耐基并没有被活埋掉，但是这些忧虑曾在他童年时代伴随左右。卡耐基曾这样回忆小时候：

我心里充满了忧虑。暴风雨来的时候，我担心被闪电打死；日子不好过的时候，我担心东西不够吃；另外，我还怕死了之后会进地狱；而且我曾经很担心一个叫詹姆·怀特的大男孩会割下我的两只大耳朵——像他威胁过我的那样；我怕女孩子在我脱帽向她们鞠躬的时候取笑我；我忧虑，是因为怕将来没一个女孩子肯嫁给我；我在犁田的时候，常常花几个钟点在想一些惊天动地的问题。

一年年过去了，卡耐基发现他曾经所担心的那些事情，有99%根本就没有发生。比方说，卡耐基小时候很怕闪电，可是我们知道，一个人被闪电击中的机会，大概只有三十五万分之一。

可能你会觉得卡耐基在儿时所忧虑的事是很可笑的，但现在很多成年人的忧虑，常常一样荒谬。

最近一段时间，周华总是为一些微不足道的小事忧虑，以至于影响了正常的学习和生活。比如，他莫名其妙地对自己的钢笔产生了厌恶之感。一看到它那磨得平滑的钢笔尖就心里不舒服。他更讨厌那支钢笔的颜色，乌黑乌黑的。于是周华决定不用它了。可换了支灰色的钢笔后，周华依然感觉不舒服。原因是买它时周华见是个年轻漂亮的女售货员，竟然紧张地冒了一头大汗，周华认为自己出了丑，自尊心受了伤害。因此他恨不得弄烂它，于是把它扔到了楼道里，任人践踏。可是转念一想，这不是白白糟蹋了七八块钱，结果又把它给捡了回来。

还有一次，周华买了一个用来盛饭的小塑料盆。突然他脑子里冒出一个想法："这是不是聚乙烯的？"周华记得自己几年前曾看过一篇文章，好像是说聚乙烯的产品是有毒的，不能盛食物。这下周华的神经又绷紧了：自己买的这个小塑料盆会不会有毒？毒素逐渐进入我的体内怎么办？周华万分忧虑着，但不用它又不行，况且圆珠笔、钢笔、牙刷等也是塑料制品，天天都沾，这不是让人活不成了吗？

有一天，周华又为头上的两个"旋"而苦恼起来。他听人说"一旋好，俩旋孬，两个顶（旋），气得爹娘要跳井。"真有这么回事吗？要不为什么自己经常惹父母生气呢？可许多有两个旋的人也不像自己这么怪呀？这个念头令周华终日忧虑不已，他甚至盼望有一种药或有一种机器能把他治成有一个平滑头顶的人或变成顺眼的一个旋，那么或许自己的头脑就不会那么乱了。

周华就是这样一直在忧虑的漩涡中徘徊、挣扎着……

或许，你身边也有像周华这样的人。他们在有些问题上想不开，忧虑重重。虽说是"人无远虑，必有近忧"，然而凡事应有个尺度，切不可杞人忧天，终日忧心忡忡，无端悲愁。有人说："不要忧虑，因为你的忧虑90%是不会发生的，纵然真的发生，忧虑也不能解决问题。"即使生活中确实发生了令人烦恼、焦虑的事情，我们也应振作精神积极面对，而不该整天闷闷不乐地消沉下去。

生活中每个人都会遇到忧虑的事，可以说，忧虑是现代人的通病。作为一个成年人，如果想保持无忧无虑是很难的。但是我们可以尽量避免自己产生忧虑情绪，或者当产生忧虑以后通过一些实用的方法来缓解这种不良情绪，直到完全消除它。那么，如何去做呢？

1. 减少花在忧虑上的时间。忧虑是一种消极的想法，总是沉浸在这种想法会让你感觉问题越来越严重，对事情的解决毫无帮助。在你接受和认识到自己的忧虑之后，有意识地时刻提醒自己，尽量减少你花在忧虑的时间。

2. 活在今天。当我们专注于今天，不为过去烦恼，不为未来担忧，只是专注地过好当下的每一天，做好手上的每一件事，那么，忧虑也就无处藏身。

3. 闲时使自己忙碌起来。我们不忙的时候，头脑里常常会成为"真空"。这时忧虑、恐惧、憎恨、嫉妒和羡慕等情绪就会填充进来，进而把我们思想中平静的、快乐的成分都赶了出去。萧伯纳曾说过："让人愁苦的秘诀就是有空闲的时间来想想自己到底快活不快活"。所以，让自己忙碌起来，你的血液就会开始循环，你的思想就会开始变得敏锐——让自己一直忙着，这是世界上最便宜的一种药，也是最能有效治疗忧虑的一种药。

4. 学会接受不确定性。生活中总会有起伏，很多事情是我们不能预料也不能控制的。我们要学会承认和接受这一点，那么，在你遇到事情的时候，你会明白，与其花时间担心未知的事情，不如通过自己的实际行动去改变来得实际。生活有好有坏，我们要学会更多地关注美好的东西，让它们给我们补充正面的能量。

欲望太多，会让自己更焦虑

人为什么常常焦虑不安呢？难道真是因为生活中有那么多的不开心吗？难道真是因为生活过得不好吗？很多时候并非如此，大多都是因为人的欲望，人总会想着去和别人比较。当人开始和别人比较时，就会觉得挣得不如人家多，住的房子不如人家大，车也不够好，职位也很低……而当有这些差距时，人就会被欲望控制，人内心就会变得不满，就会开始焦虑。

人的欲望是无穷的，无法得到满足的，随之而来的烦恼也是无穷的，无法消除的。托尔斯泰说："欲望越小，人生就越幸福。"一个人如果欲望越多，他就会变得越贪婪，一个永不知足的人是无法感受到幸福的。

一位记者在1996年2月21日采访了一位121岁的法国老人，老人向记者讲了一个亲身经历的耐人寻味的故事：

1965年，老人90岁的时候，法国一位名叫卡尔的小有名气的法律公证人来到了她家，非要每月给她一笔养老金不可。他告诉老人：为了使她生活富裕，享受天伦之乐，自己将慷慨解囊，每月发给老太太250法郎养老金，老人喜出望外。但又想：世间哪会有这样的好事，一定有什么阴谋。在老人的追问下，卡尔终于说出了全部的盘算。原来养老金不是白给的，老太太去世后，其祖上留下的那幢房子要归卡尔所有。老人微微一笑，答应了，并到公证处做了公证。

当时卡尔年富力强，年仅46岁。他胸有成竹、稳操胜券地展望，百岁的老人顶多再活两三年就要走人了。贪心的卡尔天天盼老人生病快死，但老人却一直健康如常，而且越活越精神。而卡尔却郁郁寡欢，每况愈下，终于在1995年77岁时患心肌梗死撒手西归。从卡尔实施这个计划到其去世的31年间，他先后给这位老人9万法郎养老金，高出房产4倍多。

最后老人向记者讲述了对健康长寿的认识和体会："人要知足常乐，千万不要让贪欲控制自己，整天琢磨人、算计人！健康是福，是最大的财富，花几百亿也买不来寿命。"

卡尔为自己的贪婪付出了巨大的代价。

"天下熙熙，皆为利来；天下攘攘，皆为利往。"人之为利，本是一件非常正常的事情，但是过分地追求利，就不正常了。

在物欲方面，凡是过分地追求和占有，都是贪欲，不仅造成心理的负担，也为自己带来痛苦。贪婪的人无论得到了多少，都无法满足，他们的欲望没有底线，一生都活在追逐之中。贪婪的人被无边无际的欲望所牵引，他们是欲望的奴隶，在贪欲的驱使下忙忙碌碌、斤斤计较，拥有再多也不能让他们快乐起来，因为他们总是还有想要而尚未得到的东西，毕竟谁也无法占有全世界。

一个沿街流浪的乞丐每天总在想，假如我手头要有两万元钱就好了。一天，这个乞丐无意中发现了一只跑丢的很可爱的小狗，乞丐发现四周没人，便把狗抱回他住的窑洞里，拴了起来。

这只狗的主人是有名的大富翁，丢狗后十分着急，因为这是一只血统纯正的进口名犬。于是，就在当地电视台发了一则寻狗启事：如有拾到者请速归还，付酬金两万元。乞丐看到这则启事，便迫不及待地抱着小狗去领那酬金，可当他路过一处时，发现所贴启事上的酬金已变成3万元。乞丐突然间停了下来，想了想又转身将狗抱回窑洞，重新拴了起来。第三天。焦急的富翁果然把酬金又涨了，第四天又涨了，直到第七天。酬金涨到了让市民们都感到有些惊讶时，乞丐这才跑回窑洞去抱狗。可想不到的是，那只可爱的小狗已经被饿死了，结果乞丐还是乞丐。

　　欲望是永不止境的，正所谓：得陇望蜀，得一望二，贪得无厌。人性中的欲望与生俱来，沉湎于欲望而不能自拔者称之为贪婪。贪婪使人迷惑，在不自觉中丧失了理智，直到付出了沉重的代价时，惊醒为时已晚，本来的一件好事成了遗憾的事情。

　　《内经》有言："志闲而少欲，心安而不惧"，少一份欲望便多一份快乐。其实，我们每一个人所拥有的财物，无论是房子、车子……无论是有形的，还是无形的，没有一样是真正属于我们自己的。这些东西只是暂时归属于我们而已，所以，我们应该将心态放平和些，把这些财富统统都视为身外之物。

　　有一个著名的旅游区，它之所以远近闻名，不是因为风景，而是因为游戏。游客在饱览山顶风光后，可以乘坐索道前往下一个峪口。但是在购票前，游客可以玩个游戏，大家有两种选择：一是直接乘索道前行，票价10元；二是先走另一个通道，然后再乘索道，在这个通道里会有一些闯关的项目，游客需要参加一种翻番奖励游戏，连过七关，奖励结果各关不同，全凭自己把握，票价15元。大部分游客都选择了后者，既然到了山顶，还差这5元钱？赌一次！

　　游客被带进一个封闭通道内，通道每次只能过一人，等前面的人先过去了后面的人才能继续接上。进入第一关时，游客会看见电子屏幕上的提示：现在，您已经获得了5元钱的奖励，如感到满足，您可以结束游戏，从侧边出去领取奖金。如果想要继续，可以往前挑战。游客心里想，不能白玩，继续。于是就进了第二关。第二关屏幕上提示：现在，您已经获得了10元钱的奖励，如感到满意，您可以结束游戏，从侧边出去领取奖金。游客想，接下来更刺激，再走。第三关，奖金成了20元。游客想，下一个定是40元了，继续下去会比较好……到了第六关，屏幕上写着：现在，您已经获得了320元钱的奖励，如感到满足，你可以结束游戏，从侧边出去领取奖金。大部分的游客想，我不过花费5元钱，损失了也没事，就快通关了，坚持就是胜利，下一关应当是640元了！

　　然而，当游客进入最后一关时，只见那里的负责剪票的工作人员，手中拿的是一个印有"欢迎下次光临"的牌子。这时想要退回去是不可以的，所以游客只好怀着一丝遗憾离去。最后从通道出来的是一位老者，只有他获得了奖金，因为他在第三关的时候领取了共20元的奖金，也就是说，他将免费乘索道，旅游区还要倒贴给他5元。其他游客笑问老者怎么没有再往前选取再高一点的奖金呢，哪怕是在第四关、第五关或者第六关，钱都会多一些。老者摇摇头说："当我到了第三关的时候，我就发现，这第三关的奖金已经让我赚了5元，这就够了。贪念是人间最可怕的东西，只有舍弃这个可怕的贪念，才能获得最后的胜利。"

　　无疑，故事中的老者是位智者，他能控制住自己的欲望。人有七情六欲，谁能没有欲望？关键在于如何把握，做人的学问其实就是如何驾驭欲望这匹烈马。

　　其实，我们每个人都要控制欲望，而不能让欲望控制自己，要始终把欲望控制在一个合理的范围内。一位哲人说过：生命是一团欲望，欲望不满足便痛苦，满足便无聊。人可以适度满足欲望和实现自我，但不能过度，要懂得回归，反观自照。所以，只有合理地控制自己的欲望，才会生活得幸福。

希腊大哲人伊壁鸠鲁说过："如果你要使一个人快乐，别增添他的财富，而要减少他的欲望。"的确如此，一个人要得到幸福和快乐，要学会放弃过高和过多的追求。放弃越多，欲望就越少；欲望越少，满足就越多，幸福也就越多。生活中，只有那些懂得知足的人，才会活得幸福、活得快乐、活得单纯、活得踏实。

戒除浮躁，不被杂念干扰

在竞争激烈的社会中生存，每个人都很容易被种种烦恼所困扰，一旦无法排解，心情便会浮躁起来。浮躁，可说是当今社会的一种"流行病"。生活中，你是不是常常感觉到力不从心？常常觉得周遭太过于吵闹？常常被乱七八糟的思绪扰乱心神，或是无法安心地做事情……其实，不是这个世界太喧嚣，而是你的心在吵。快节奏的生活、难以忍受的噪音、人群中的吵闹，都让我们原本平静的心跟着纷乱。一旦陷入浮躁，我们就会离成功越来越远。心浮气躁不仅无益于解决问题，反而会让人迷失掉方向，引发焦虑。

王娟毕业于名牌大学，各方面表现优异的她有着一种近乎本能的傲气。走入工作岗位后，她信心十足，一心想做出一点成绩。然而，上班后才意识到，每日打交道的基本都是一些琐碎的工作。既不需要表现出太多的能力，也同样没有什么大的成果，没有多久，王娟就产生了烦躁的情绪，而且还时常感到很累。

一次，公司开会，王娟所在部门的员工在公司通宵加班准备文件。由于她是新人，所以，仅仅给她分配了装订和封套的工作。经理一再叮嘱："一定要将所有工作做好，别到时弄得措手不及。"可是，在她的意识中，如此简单的工作，又有什么难的呢？因此，经理的再三叮嘱，使她感到一点意义都没有。

当同事们将文件交给她后，王娟漫不经心地开始了自己的装订工作。但刚刚订了十几份，订书机的钉没有了。她有些不耐烦地抽开订书钉的纸盒，但里面已经没有订书钉了。

这下她马上精神了好多，立刻到处寻找，不知为什么，平时满眼皆是的小东西，现在竟连一个都找不到。她抬头一看，现在已是凌晨1点30分了，而文件必须在早晨8点会议召开前就发到代表手中。

王娟马上将这件事报告给经理。经理立刻生气地说道："不是告诉你做好准备吗？这点小事都不用心，真不知道你们大学生现在脑袋里除了浮躁，还有什么？"她当时感到十分羞愧，这一刻，她才发现长久以来积聚在自己心里的浮躁情绪是多么害人。毫无选择，她必须完成自己的工作。穿越了很多的大街小巷，终于，在凌晨5点的时候，她找到一家昼夜服务的商务中心，买到了订书钉。最后，她终于赶在8点开会之前，将文件发到了代表手中。

事后，她提心吊胆地等着经理骂她，但出乎意料的是，经理只对她说了一句："有时让一个人感到身心疲惫的不是工作，而是你浮躁的心。"

浮躁是一种不健康的心理。有一位社会学家这样说道："浮躁的心态是要不得的，它急功近利，一旦所需要的东西不能实现，便会让人焦躁、烦恼。"在一生中，有很多焦虑都是由于我们内心浮躁而造成的：在学业上，由于不懂得倾听内心的声音，结果盲目选择别人认为最有潜力与前景的专业；在工作上，由于无法沉下心来做好手头的工作，错失了最佳的晋升机会；在爱情上，常由于匆忙而忽略了内心的声音，结果错失了最合适的那个人……我们总担心自己晚别人一步，总担心被时代淘汰，总担心再等下去会错失机会，所以我们一直浮躁地生活。殊不知，浮躁的心态才是最可怕的，其最终结果是让我们陷入焦虑之中，不能自拔。

一个生活很失意的年轻人，觉得人生没有意思，认为自己空有一身"武艺"而没有用武之地，因为单位领导从来没有给过他展示"武艺"的机会，他感到生活非常郁闷，无聊和急躁时刻困扰着他的内心，使他不能够安心工作。于是他千里迢迢来到普济寺，慕名寻到一位高僧，沮丧地对他说："人生不如意，活着也是苟且，有什么意思呢？"

高僧静静听完了年轻人的絮叨和叹息，最后才吩咐一个小和尚说："施主远道而来，烧一壶温水送过来。"少顷，小和尚送来了一壶温水，高僧抓了茶叶放进杯子，然后用温水沏了，放在桌子上，微笑着请年轻人喝茶。杯子冒出微微的水汽，茶叶静静地在水面上浮着。年轻人不解地问道：

"师父泡茶怎么用温水？"

高僧笑而不语。年轻人于是端茶品尝，喝后不由得摇摇头："怎么连一点茶香都没有呢？"高僧说："怎么可能，这可是闽地名茶铁观音啊。"年轻人又端起杯子细品，然后肯定地说："真的没有一丝茶香。"

高僧于是又吩咐小和尚说："再去烧一壶沸水送过来。"少顷，小和尚便提着一壶冒着浓浓白汽的沸水进来。高僧起身，又取过一个杯子，放茶叶，倒沸水，再放在茶几上。年轻人俯首看去，茶叶在杯子里上下沉浮，丝丝清香连绵不绝。

年轻人欲去端杯，高僧作势挡开，又提起水壶注入一些沸水。茶叶翻腾更厉害了，一缕缕醇厚醉人的茶香袅袅升起，在禅房中弥漫开来，高僧如此注了五次沸水，杯子终于满了，那绿绿的一杯茶水，端在手上清香扑鼻，入口沁人心脾。

高僧笑着问："施主可知道，同是铁观音，却为什么茶味迥异吗？"

年轻人思忖着说："一杯用温水，一杯用沸水，冲沏的水不同。"

高僧点头："用水不同。温水沏茶，茶叶轻浮水上，怎会散发清香？沸水沏茶，反复几次，茶叶在沉沉浮浮中释放出四季的风韵：既有春的幽静和夏的炽热，又有秋的丰盈和冬的凛冽。世间芸芸众生，又何尝不是沉浮中的茶叶呢？那些不经风雨的人，就像温水沏的茶叶，只在生活表面漂浮，根本浸泡不出生命的芳香，而那些栉风沐雨的人，如被沸水冲沏的酽茶，在沧桑岁月里几度沉浮，才有那沁人的清香啊！所以摆脱失意最好的办法就是踏踏实实地提高自己办事的能力，而且不要急躁，沸水煮茶还需沸水不断地注入，否则茶香也一样不够。"

年轻人恍然大悟：浮生若茶，命运又何尝不是一壶温水或炽热的沸水呢？茶叶因为沉浮才释放了本身深蕴的清香，而生命，也只有遭遇一次次挫折和坎坷，然后踏踏实实地做好眼前的工作，才会激发出人生那缕缕幽香。

以后的日子里，他戒骄戒躁，踏踏实实，知道了凡事必有一个沉淀的过程，而在这个沉淀的过程中，就要看你能否耐得住寂寞。一段时间以后，他由于工作业绩显著，得到了单位领导的重视，职位也有了很大的提升。

事情往往就是这样，你越着急，你就越不会成功。因为着急会使你失去清醒的头脑，结果在你奋斗的过程中，浮躁占据着你的思维，使你不能正确地制订方针、策略从而稳步前进。所以，我们只有正确地认识自己，才不会让自己盲目地奔向一个超出自己能力范围的目标，而是踏踏实实地去做自己能够做的事情。

当今社会，快节奏的生活容易使人心境失衡，如果浮躁冒进、急功近利，不能以淡定从容的心灵去生活、工作，那么就会心力交瘁，最终一事无成。只有平息浮躁，保持平淡与从容，才能安之若素、踏实沉稳。

那些渴望成功的人，应该记住：你着急可以，切不可以浮躁。成功之路，艰辛、漫长而又曲折，只有稳步前进才能坚持到终点，赢得成功。如果一开始就浮躁，那么，你最多只能走到一半的路程，然后就会累倒在地。

因此，一个人只有控制了浮躁，他才会吃得起成功路上的苦，才会有足够的毅力一步一个脚印地向前迈步，最后走向成功。只有自己控制好了自己的浮躁情绪，才不会因为各种各样的诱惑而迷失方向。

缓解压力，焦虑也会随之消除

在现代社会，生活节奏越来越快，各种压力纷至沓来：就业的压力、职场中的压力、考试升学的压力、来自恋人的压力、来自父母的压力、来自子女的压力、来自房子和车子的压力、来自医院的压力……面对众多的压力，我们可能都体会过这种由于压力过大而产生的紧张、不安的焦虑心理。调查显示，过大的压力最易引起焦虑。焦虑是一种可怕的情绪，它会让你的心理和生理都受到损害。

小凡在广告公司从事文案工作，最近公司接了几张单子，一张比一张催得紧，小凡天天在公司加班，每天忙到深夜才能回家。不管多晚，母亲都会准备好消夜等她回家，这让小凡很心疼。她已经好几次告诉母亲不要等她，她饿了自己会在外面吃。可母亲还是习惯性地为她做这些，有几次，小凡已经在外面吃过了。可是，回到家里，看到母亲的眼神，她只好将母亲给准备的食物吃下去。

工作进行到一半的时候，小凡感觉自己脑子好像被掏空了，词穷力竭，什么都想不出来。可领导还在不断催促，看着那些资料，小凡头脑一片空白，一直在公司坐到深夜。回到家里已经是半夜了，母亲一如既往地帮她开门，为她端上精心准备的汤圆。小凡烦透了，不耐烦地说："不是说了让你早点睡吗，干吗老这样！我什么都不想吃，爱吃你自己吃吧！"说完将门一摔，进了自己的房间。

刚刚静下来，小凡就后悔了，她知道自己不该对妈妈发火，心里很痛苦。第二天一早，在公交车上不小心踩了人家一脚，心不在焉地说了句"对不起"，可对方不依不饶。按小凡以前的脾气，不理就算了，这天不知道为什么，她火气很大，跟对方针锋相对起来，就差动手了。到了公司，她还是一副谁都欠她的模样，领导跟她说话，她也爱答不理，工作完全没有办法进行，小凡觉得自己快要疯掉了。

显然，上例中小凡的状态是由于压力导致的。快节奏的生活给现代人的情绪带来了恶劣的影响，你肯定也有过这样的体会：莫名其妙地发脾气、烦躁，看什么都不顺眼；坐公交车、地铁，看旁边两个人有说有笑就来气；别人不小心踩了你的脚，你就像找到发泄的渠道一样，跟人大吵一架……其实，这些坏情绪都是压力带给你的，当压力越来越大，你的情绪就越来越差。

过重的压力是生活中诸多负面情绪的源头，一个人想要成功，想感受到幸福，想要一个健康的身体，都得学会排解、释放压力。

以下是一些缓解压力的方法：

1. 自觉主动认知。只有认清造成压力的根源，对压力产生的影响以及自己抵御压力的能力有正确的认识，才能适应压力，进而达到心理上的平衡。如果认识到自己在压力面前不是无能为力的，就能减少压力的有害影响。

2. 不要故意给自己加压。不少人对社会、对家庭、对自己都有不同程度的不满。有些人喜欢在压力中生活、在压力中迎接挑战，觉得那是一种惬意、满足。但是压力累积过多，会压得自己喘不过气来，久而久之就会损害自己的身心健康。

3. 用积极的态度面对压力。在充满竞争的都市里，每个人都会或多或少地遇到各种压力。可是，压力可以是阻力，也可以变为动力，就看自己如何去面对。现代心理学研究发现，人的心情愉快时，整个新陈代谢就会改善。烦闷、懊恼、愤恨、焦虑、忧伤，是压力产生的催化剂。因此，要经常保持愉快的心情，培养坚强、乐观、开朗、幽默的性格，具有广泛的爱好和兴趣，始终保持积极向上的生活态度。

4. 适度转移和释放压力。面对压力，转移是一种最好的办法。压力太重背不动了，那就放下来不去想它，把注意力转到让你轻松快乐的事上来。等心态调整平和以后，已经坚强起来的你，还会害怕你面前的压力吗？比如做一下体育运动，体育运动能使你很好地转移注意力，运动完之后你会感到很轻松，这样就可以把压力释放出去。

5. 合理地安排休息时间。严格执行自己制订的作息计划，使生活、学习、工作都能有规律地进行。尤其是保证充足的睡眠，不要违反自然法则，否则必然造成恶性循环。

6. 利用各种社会支持。任何心理成熟的、独立的现代人，都需要他人的帮助，广泛的社会支持是缓解压力不可或缺的途径。家人是社会支持网络的重要组成部分。此外，平时需注意扩大自己的交际范围，从没有利益冲突的第三方寻求心理支持。

压力无所不在，我们必须认真对待心理压力问题，并及时地、适当地通过情绪调节来缓解心理压力，为它找个出口，它就不会给精神健康带来伤害。希望上述方法能帮助你拥有稳定的情绪，保持健康的心态去直面纷繁复杂、瞬息万变、竞争激烈的社会。

征服恐惧情绪，做境遇的主宰者

恐惧是一种负面情绪，从心理学角度来讲，恐惧是人企图摆脱、逃避某种情境而又无能为力时的一种情绪体验。恐惧，它远比害怕深刻。每个人内心都会有或轻或重的恐惧心理。

生活中，很多人都有这样或那样的恐惧感，如对死亡的恐惧、对黑暗的恐惧、对爱情的恐惧等。也有一些人对一些本来并不可怕的事情产生紧张、恐惧的情绪，如有人恐惧风。他们自己也能意识到这种恐惧是完全不必要的，甚至能意识到这是不正常的表现，却不能控制自己，即使尽了很大努力也依然无法摆脱和消除这种恐惧感。

心理学家曾做过一个实验，把健康状况完全相同的两只羊分别圈在两个圈里，其中一只羊独自生活；另一只羊的圈内拴着一只狼，张牙舞爪，好像随时要吃掉羊，这只羊唯恐被狼吃掉，惶惶不可终日，结果，它生病了，过早地死去。而独立生活的那只羊健康如初。

　　为什么会出现这种状况呢？因为恐惧，由"被吃掉"的错觉导致的恐惧。当恐惧成为一种习惯并开始影响人们的正常生活时，它就演变成了焦虑，使人做事过于谨慎、小心、多虑等，在事情还未发生或者结果还未产生时，心中就有了恐惧情绪，影响人的生理、减少精神的活力，进而破坏人的身体健康。

　　恐惧起源于我们自身，发生于我们内心，是我们自己吓怕了自己。事实上，很多事情本身并不可怕，往往是我们对它们了解不够，或者根本没有了解，从博弈的角度上讲，无形中高估、放大了对手的能力，贬低了自身的能力，因此失去自信心，从而产生了恐惧心理。

　　一位心理学家带他的学生们去做一个心理试验。他把学生们带到了一个没有开灯的黑屋子里，屋子里有一座窄窄的桥。心理学家问："谁敢从这座桥上走过去？"不服气的学生们一个接一个踏上那座窄桥，并顺利地走了过去。

　　心理学家打开了一盏幽幽的小灯，灯光昏暗，但是学生们看清楚了桥下是漆黑的水潭。谁也不知道那水有多深，而且在幽幽的灯光下，水潭显得更加诡异莫测。心理学家再次问："现在，谁敢从这座桥上走过去？"学生们有些犹豫，但是大部分人还是走上那座桥，小心翼翼地走了过去。

　　心理学家再次打开一盏灯，这盏灯的灯光较先前的那盏亮多了，学生们看到水潭里的景象，不禁打了个冷战。只见水潭里有数不清的蛇游来游去，有一条眼镜蛇还昂头冲着那座桥吐着长长的信子。学生们无不倒吸一口凉气，心里在庆幸自己幸好没有掉下去。心理学家再次问："这下，谁还敢走过那座桥？"几乎没有学生敢再踏上那座桥了。

　　这时，只见心理学家踏上了那座桥，稳稳地走到了对面，学生们都惊呆了。心理学家没有说话，只是再次打开一盏更亮的灯让学生们细看，原来桥和水潭之间密布着一张细细的铁丝网，学生们面面相觑。

　　心理学家这时开口了："同学们，这就是我们心灵的力量。我们不知道，恐惧正是来自我们的内心。在灯开亮之前，我们所有人都能够小心地走过那座桥，那时候，黑暗对我们来说，不值得恐惧。反而是黑暗让我们变得小心，而不至于出错。但是，当灯被一盏盏打开，我们被自己内心的恐惧限制住了，反而不敢迈步走向那座桥。其实，我们任何一个人都可以走过那座桥。那座桥，就是我们内心的力量。只要我们不被自己内心的恐惧所震慑，我们都有能力轻松地过桥。"

　　其实，很多时候恐惧都是我们自己强加给自己的。要做一件事情的时候，人们往往都会对事情的未知性感到恐惧，正是这种感觉让人们丧失前进的勇气和信心。只有消除了惧怕心理带来的沉重压力，重新审视自己，才会激发重整旗鼓的勇气。

　　有人曾经说过这样的话："谁战胜了内心的恐惧，谁就能挑战最高的那座山峰，不能挣脱恐惧的樊笼就要一辈子给它做奴隶。"每个正常的人都可以自发地控制情绪，可以改变自己对事物的认识，用理性和行动控制自己的一系列想法，从而克服自己的恐惧心理。

　　那么，具体怎样面对和克服恐惧呢？

　　1. 提高认知，判断恐惧。为什么会感到恐惧？因为人们对未知事物不了解，所以容易产生紧张不安的情绪。说到底，还是因为我们自身知识的局限性，这就需要我们认识客观事物的变化规律，认识人自身与客观规律之间的关系，提高认知能力，判断恐惧的对象会不会给自己造成威胁，从而对可能发生的各种变故做好充分的准备，增强心理承受能力，减少恐惧心理。

2．转移你的注意力。把注意力从恐惧对象转移到其他方面，以减轻或消除内心的恐惧。例如，为了摆脱在众人面前讲话的恐惧心理，除了多实践、多练习外，每次讲话时把自己的注意力从听众的目光、表情转移到讲话的内容上，再配合"怕什么"等积极的心理暗示，心情就会变得比较镇定，说话就比较轻松自如了。

3．不要自己吓自己。恐惧心理的产生常常与过去的心理感受和亲身体验有关，正所谓"一朝被蛇咬，十年怕井绳"。当人们受过某种刺激，并产生过恐惧心理时，如果同样的情景再次发生，过去的经验就会被唤起，从而再次产生恐惧感。其实，很多时候都是我们自己在吓自己，那些恐惧的对象根本就不会对我们造成伤害，所以用一颗正常的心去面对是很有必要的。

4．与他人分享你的苦衷。不论你多么恐惧，你都不要一个人扛着，你应该找好朋友、亲人，告诉他们你的恐惧。他们会从旁观者的角度来帮你分析为什么会产生这种恐惧，他们会支持你、鼓励你、帮助你、配合你采取一些有效的行动，从而克服恐惧。

5．直面恐惧的事物。害怕一样东西，想要躲避这是人之常情，但如果必须面对的时候，就要努力克服恐惧，最好的方法就是面对它。比如你怕蛇，那就在专业的人员陪同下去和蛇打交道。久而久之你了解了蛇，又知道怎么保护自己，那么就战胜了恐惧。

6．自我调节。恐惧心理还可以通过自我训练来调适。首先把能引起你紧张、恐惧的各种情景，由轻到重进行排序，然后进行松弛训练。具体方法为：坐在一个舒适的地方，先进行有规律的呼吸，让全身放松，等进入松弛状态后，看一下排在最前的情景，然后开始想象情景内容，想得越逼真越好；如果感觉心慌、害怕，就停下来，再做深呼吸使自己平静下来，完全松弛后再想象刚才的情景，如此反复，直至这一情景不再使你紧张为止。用同样的方法进行后面的训练，等你将所有的情景训练成功后，则可以进行现场训练了。

告别嫉妒情绪，远离"红眼病"

嫉妒，俗称为"红眼病"，是一种夹杂着焦虑和愤怒等不良情绪的感情，是由于个人与他人比较，发现别人在某一方面或某几方面比自己强而产生的一种焦虑、羞愧、不满、怨恨的复杂情绪。古希腊哲学家说："嫉妒是对别人幸运的一种烦恼。"从这句话中，我们就能看出，嫉妒会引发人的焦虑，它是有明显对抗性的，这种对抗表现为攻击性，攻击的目的就是要颠覆别人的"幸运"。

嫉妒心理经常会与焦虑、不满等各种消极情绪联系在一起，这样就会构成嫉妒心理复杂而独特的情绪。但是嫉妒也分很多种类，不同的嫉妒心理有不同的嫉妒对象，在名誉、地位、钱财、爱情这四个人生的大方面表现得尤为突出。还有一种比较极端的嫉妒者，凡是别人所有的，都是其嫉妒的，因而陷入无尽的痛苦和焦虑之中。

有这样一个故事：

有个人幸运地遇见了上帝。上帝对他说："从现在起，我可以满足你任何一个愿望，但前提是你的邻居必须得到双份。"那人听了喜不自禁，但仔细一想后心里很不平衡：要是我得了一份田产，那邻居就会得到两份田产；要是我得到一箱金子，那他就会得到两箱金子；更要命的是，要是我得到一个绝色美女，那个注定要打一辈子光棍的家伙就同时拥有两个绝色美女！那人想来想去，不知该提出什么愿望，因为他实在不甘心让邻居占了便宜。最后，他咬咬牙对上帝说："万能的主啊，请挖去我一只眼珠吧！"

故事中的主人公为了不让邻居过上比自己更好的生活，不惜伤害自己的行为，真是可怕至极。这种强烈的嫉妒心理，实际上是把自己置于深深的焦虑之中，折磨自己。但折磨来折磨去，却一无所得。

嫉妒是一种消极的负面情绪，它会导致焦虑和敌意，当你切实地觉得对方使你难堪，并由此而产生痛苦，甚至还会向对方做出攻击性的行为，长此以往，就会陷入焦虑之中，影响个人成长和人际交往，严重者还会导致悲剧的发生。

某地一所著名的医科大学发生了一起严重的故意伤害事件：一名即将毕业的医学研究生用水果刀将自己的导师刺伤，随即举刀自杀未遂。而造成这种恶果的根本原因是这个研究生的嫉妒心理。原来，那位导师所在的医科大学有一个派遣学生去德国深造的名额，鉴于他的学识和威望，校方决定由他指定出国人员。该教授权衡考虑了整整一周，最后决定还是将另一个很优秀的研究生的名字报给了学校外事办公室。这个研究生知道此事后，先是与导师大吵大闹，一定要让导师把那名字换成自己。在哭闹不成之后，就以刺杀的方式来发泄自己的嫉妒之火……

这个研究生可以说也是一名成绩优秀的学生，本来拥有无限美好的前程，可是，因为她那根植于心的嫉妒，使一切都葬送在了自己手中。

"嫉妒是骨中的朽烂。"爱嫉妒的人常常陷入焦虑之中，他们会诋毁别人的成绩，还会怨恨自己的无能，心中充满唯恐被别人超越的忧虑，身心备受煎熬。嫉妒心强的人还会惹是生非，拆人家的台，给人家处处出难题、使绊子。如果一个人心中变得焦虑或是充满仇恨，那么他距离成功也就越来越远。

嫉妒是一种比焦虑还强烈的恶劣心理，是导致焦虑的一大诱因，为了远离焦虑的困扰，我们首先应该摆脱嫉妒心理。

下面是化解嫉妒的一些方法：

1. 正确认识自己。既看到自己的短处，也看到自己的长处，就不会有处处不如人的想法。当看到自己的不足时，不怨天尤人、自暴自弃，而应加倍努力，奋起直追。尤其要克服盲目攀比的心态，要善于学习、勇于超越，久而久之，嫉妒心理就会消失。

2. 学会正确的比较方法。一般来说，嫉妒心理较多地产生于原来水平大致相同、彼此又有许多联系的人之间。特别是看到那些自认为原先不如自己的人都冒了尖，嫉妒心就会油然而生。因此，要想消除嫉妒心理，就必须学会运用正确的比较方法，辩证地看待自己和别人。要善于发现和学习对方的长处，弥补和克服自己的短处，而不是以自己之短比别人之长。这样，嫉妒心也就不那么强烈了。

3. 对待他人要宽容。一般来说，心胸狭窄的"小心眼"很容易产生嫉妒心理。只有使自己的胸襟开阔，改变器量过小的性格缺陷，才能时时刻刻清醒地意识到世界是很大的，人外有人。做人无私，胸怀宽广，坦诚处事，才能净化自己的心灵，才能真正感受到心底无私天地宽，才能避免沾染上嫉妒心理。

4. 提高自己。嫉妒的起因就是看不惯别人比自己强。如果能集中精力，不断地学习、探索，使自己的知识、技能、身心素质不断得到提高，就可以减少嫉妒的诱因。而且，丰富多彩的业余生活将自己的闲暇时间填得满满的，自然也就减少了"无事生非"的机会，这是克服嫉妒心理最根本的方法之一。

5. 化嫉妒为动力。不管是在学校，还是在工作单位，每个人都要在具有竞争性的环境中客观地看待自己和他人。不要把比自己优秀的同学或同事看成是阻碍自己发展的对手，而要看成是自己前进的榜样和动力。学会赞美别人，把别人的成就看作是对社会的贡献，而不是对自己权利的剥夺或地位的威胁，将别人的成功当成一道美丽的风景来欣赏，这样你在各方面将会达到一个更高的境界。

总之，如同钢铁被铁锈腐蚀一样，人很容易被嫉妒折磨得遍体鳞伤，我们要时刻提防它对我们心灵的腐蚀，远离它，从而获得内心的自由与超脱。

第四章

不惧挫折，坦然面对挫败

只有经得起失败，才能够迎来成功

人的一生难免会遇到很多困难和挫折，遭受很多失败的打击。失败使人消沉、使人痛苦、使人迷茫。但失败不是最可怕的，最可怕的是，遇到失败就放弃，遇到失败就逃避。精神上被打败了，那才是一败涂地。一个人能有成就并在气质上超过常人，往往取决于其对待失败的正确态度，所以我们一定要正视失败，要抱着积极的态度迎接失败带来的经验和教训，这样才会成功。

人生之路总有坎坷，因此遭受挫折、遇到困难、遭到打击在所难免，差别只在有人把头破血流不当一回事，有人稍微破皮就灰心丧气。所以不管你在什么时候跌倒了，一定要爬起来，趴在地上是不会有任何机会的。如果你跌倒了，并忍着痛苦想要爬起来，那么你才有成功的希望。那些丧失"爬起来"意志的人，是永远不会成功的。

美国百货大王梅西就是一个很好的例子。他于1882年生于波士顿，年轻时出过海，后来开了一间小杂货铺，卖些针线，铺子很快就倒闭了。一年后他另开了一家小杂货铺，仍以失败告终。

在淘金热席卷美国时，梅西在加利福尼亚开了个小饭馆，本以为供应淘金客膳食是稳赚不赔的买卖，岂料多数淘金者一无所获，什么也买不起，这样一来，小铺又倒闭了。

回到马萨诸塞州之后，梅西满怀信心地干起了布匹服装生意，可是这一回他不只是倒闭，简直是彻底破产，赔了个精光。

不死心的梅西又跑到新英格兰做布匹服装生意。这一回他时来运转了，他买卖做得很灵活，甚至把生意做到了街头商店。经过多年发展，如今位于曼哈顿中心地区的梅西公司已经成为世界上最大的百货商店之一。

每个人都会在一生中面对多次失败，失败虽然令人失望，但它同时也能磨炼人的意志，还能让人头脑清醒地接受新的挑战。如果你正视失败，在面对失败时，你要意志顽强，能够经得起失败的挫折，那么你会因为不停的进取而抓住了成功的机遇。

态度决定命运，意志可以改变一切。跌倒之后忍痛爬起来，这是对自己意志的磨炼。当我们有了如钢铁般的意志，便不怕再次跌倒。有时候人的跌倒，心理上的感受和实际上受伤害的程度不一样，因此你一定要爬起来！这样你才会知道，事实上你可以应付这次跌倒，如果自认起不来，那就是承认了自己是个懦夫、是个弱者。

人都希望自己能成功，惧怕失败，但谁也避免不了失败。古往今来，大多成功者都经历过无数次的失败，可贵的是他们有勇气、有能力从失败中重新找到起点，正确地面对失败。

　　上官云珠是我国著名的电影演员。她原本是一家照相馆的女职员，因为长得漂亮，国华公司聘请她出演一部影片的重要角色，还把她的彩照登上画报，准备捧红她。不料她第一天拍戏就"砸了锅"，站在镜头前浑身发抖，紧张得一句台词也说不出。导演耐心地连试了三次，她都发抖，只得作罢。第一次明星梦破灭，上官云珠并不甘心失败，又托人介绍她到艺华公司，争取到一个角色。当正式在水银灯下拍摄时，她那个临场紧张发抖的毛病又犯了，第二次又失败了。面对两次失败，上官云珠并没有放弃梦想，不过她也没有再蛮干。她认真分析失败的原因，认识到发抖是因为自己缺乏表演基本功，心虚胆怯是病根子。于是她进入业余剧团，在舞台演出中磨炼基本功，积累经验。她还先后到上海戏剧学校、新华公司演员培训班学习。1941年，上官云珠参加《玫瑰飘香》的拍摄，获得成功，终于成为大明星。

　　"在哪里跌倒，在哪里爬起来"是不害怕面对失败的一种态度。如果善于总结经验教训，那么在爬起来之后就会很快地摆脱困境。自古成者王侯败者寇，其实成败只不过是一时的结果。人生是个过程，关键在于你追求的过程是否让你感到满意，如果你因为一时的挫折而放弃希望，那么你就永远成了一个失败的人。

　　失败者往往有这样的心理：一旦处于败势，便情绪低落、悲观失望，因此不敢爬起来，害怕再度失败，从而失去了反败为胜的机会。

　　其实，失败就像是一所学校，在这所学校里，它不仅能教会你应持有何种心态去看待失败，更重要的是它能时时刻刻提醒你怎样面对失败。那些被认为"失败"的事，并不是永远的失败，只不过是"暂时性的挫折"而已。这种失败可以看作是一种幸福，是生活赐予我们的最伟大的"礼物"，因为失败使我们振作起来，调整努力的方向，使我们最终向着不同的、更美好的方向前进。看起来像是"失败"的事，其实却是一只看不见的手，阻挡了错误的路线，并促使我们改变方向，向着胜利的方向走去。

失败是一种动力，失败能催人自强、使人上进，激发人的斗志等。失败是成功之母，每遇到一次失败，都能迫使失败者重新选择前进的道路。失败是强者的起点、弱者的终点，所以我们要坦然面对失败。

失败本身并不可怕，可怕的是失败之后丧失了继续奋斗下去的决心和勇气。所有胜利者，必定是经过千辛万苦和艰苦努力才最终成功的。面对失败，如果能不气馁，继续奋斗，最终必能感受胜利的欢乐。所以，在哪里跌倒，就在哪里爬起来，只有这样，才能使自己的人生更加精彩，才能让自己的一生无怨无悔！

轻视所谓的困难，保持积极的态度

在人生的道路上，我们常会遇到许多意想不到的困难和挫折，但每个挫折里面都隐匿着一些新的可能。也许是人生对我们另一种形式的馈赠，也许是对我们意志的磨炼和考验。所以面对人生劫难，悲观失望没有任何意义，只有勇敢地去面对，保持积极的态度，你才可以迈向成功。人的情绪是积极还是消极，在很大程度上决定了你的人生成败。

塞万提斯被誉为西班牙文学世界里最伟大的作家。1547年，他出生于一个贫困之家，父亲是一个跑江湖的外科医生。因为生活艰难，塞万提斯跟随父亲到处东奔西跑，直到1566年才定居马德里。童年生活的颠沛流离，使他仅受过中学教育。他22岁参加西班牙军队，在一次海战中，他不幸身受重伤，左手致残。1575年他离开军队，回家途中却不幸遇到摩尔人海盗，被掳到阿尔及尔作为奴隶出卖，经历了一言难尽的痛苦和艰辛。一直到1580年，他才被父母赎身获得自由。为了生计，塞万提斯在海军中从事军需工作，后来却因涉嫌挪用公款而蒙冤入狱。三个月后，被无罪释放，却一直找不到好工作，一家人的生活没有着落，再次徘徊在饥寒困顿中。当时，一家七口人挤在一所下等公寓的小房子里，楼上是妓院，楼下是小酒楼，白天和晚上都十分嘈杂。但他正是在如此恶劣的条件下，在狭窄的过道上放一张极为简单的书桌，从事《堂吉诃德》的创作，并一举成名。

成功是令人神往的，但通向成功的道路是坎坷的、曲折的、艰难的。有时需要承受无比的痛苦和辛酸，才可以换来成功的笑容！纵观古今中外的成功者，哪一个不是历尽磨难？如果成功的路上都是一帆风顺、都能一蹴而就，那世界上就不会有人失败了。只有具备面对困难百折不挠、遇到挫折坚持不懈精神的人，才有可能登上成功的巅峰。因为遇到一点困难就灰心丧气，受到一点挫折就悲观失望，并因此而打退堂鼓，这样的人是永远都不可能达到成功目标的。如果你不想被自己的负面情绪控制了人生，你就不应在挫折和失败面前逃避、沉沦，而应在挫折和失败中崛起、抗争，在挫折和失败中自强不息。

　　美国著名作家爱伦坡，是世界文坛上著名的浪漫天才之一，但爱伦坡的一生，历经了许多屈辱与苦难。

　　爱伦坡是个孤儿，从小受尽了白眼与欺辱，在被一个富有的烟草商人收为养子后，由于不能博得养父的欢心，竟被骂为"白痴"并被用棍棒打出家门。在他26岁时，他与维琴妮亚不顾一切地热恋并结婚了，那是爱伦坡一生中最美好的时光，但也给他带来了莫大的痛苦。许多人认为他疯了，劝他尽早结束这段婚姻；有更多的人奉劝维琴妮亚离开这个穷光蛋。在他们眼里，爱伦坡根本不配拥有爱情和一切美好的东西。

　　爱伦坡夫妇的生活境况十分潦倒，很多时候穷得没有饭钱，就更不用说每月三美元的房租了。不久之后，维琴妮亚便病倒在床，爱伦坡没有钱为自己的妻子买食物和药物，他们不是整天饿着肚子，就是当院里的车前草开花时，把它煮来充饥。除了肉体的折磨，还有来自旁人的冷嘲热讽。面对外界巨大的压力和生活的落魄，爱伦坡夫妇却用世间最牢固的爱情击垮了一切流言，始终彼此恩爱。爱伦坡每天几近疯狂地写诗，渴望成功的强烈愿望使他忘记了一切痛苦，在他的脑海中，只有两个字——奋斗！

　　但是，体弱的维琴妮亚终究敌不过饥寒交迫，在一个寒冷的冬夜，带着对爱伦坡的深深的爱离开了人世。失去了爱妻，爱伦坡几乎崩溃了，唯一支撑他的就只有成功的信念了。在爱妻的坟墓旁，他强忍着泪水和思念，笔耕不辍，用全部的热情投身于创作之中。最终，他因写出了感人肺腑的《爱的称颂》而闻名于世，获得了人生的成功。

　　人生之路，就是不断战胜困难和面对考验的路。困难并不可怕，可怕的是不能以正确的态度面对困难，在困难中使人倒下的往往不是困难本身，而是消极悲观的态度，是缺乏战胜困难的勇气和信心，是没有坚强的意志。

　　虽然说困难总是让人痛苦，人们更是不愿遇到困难，但是通过困难的磨炼也的确会使人变得成熟，从这个角度讲，困难又不是一件坏事。可以说，困难是磨砺人生的基石，只有在困难面前毫无怯意，经过艰苦的磨炼，才能成就伟大的事业；而那些面对困难胆怯、畏缩、逃避的人，是不会有所建树的，更谈不上有何惊人的业绩了。所以，当困难降临时，我们就不该逃避、不该抱怨，而应该以坦然、积极、乐观的态度对待困难，最终战胜困难。

挫折面前，永不言败

俗话说，失败是成功之母。失败是迈向成功的必然步骤。许多人最终迈向了成功，就是因为他们经历了无数次失败的磨炼。如果不曾失败过，我们就不会取得更辉煌的胜利。每一次失败与挫折都会使一个坚定的人更加勇敢。如果没有跌倒的刺激，我们或许会甘做一个平庸的人。失败让人发愤图强，经历了失败的痛苦，我们才找到了真正的自我，感受到了自己真正的力量。

据统计，美国每天都有上万家小企业倒闭、破产，每天都发生着"从老板变成乞丐"的故事，戴维斯就是有过这样遭遇的人。

戴维斯20多岁时，血气方刚，凭着青年人的聪明和冲劲，办起了自己的第一家公司，经营书刊业。但是他30岁那年，在一桩生意中，被自己最信任的朋友欺骗了，将自己所有的家当赔得一干二净，连房子也拍卖出去抵债，只得回到乡下母亲的住所中。然而戴维斯并不放弃，认为自己还有能力重新再来。

又过了两年，戴维斯看准电脑业有很大的发展潜力，于是他经过不懈的努力，办起了自己的电脑公司，而且规模比前一次还大，生意也比经营书刊业时的生意好得多。这时，以前认为他会一蹶不振的人们转变了看法，对这个执着的人表示了极大的钦佩。

然而，天有不测风云，在一次合同担保中，戴维斯的公司卷入了债务纠纷，因被担保者无力偿还债务，戴维斯又一次倾家荡产，年过40的他再一次遭受了巨大的打击。

人们都以为他这次真的完了，年过40的他，再也不可能承受这样大的挫折了。然而戴维斯承受住来自各方面的压力，经过两年的学习、准备，不顾家人、亲友的劝阻，开办了一个投资代理公司。

在这两年中，他自学了MBA的大部分课程，加上多年来的商业经验，使他新开的公司一举成名。如今的戴维斯，已经是功成名就了，他的公司下属的子公司遍布美国，经营业务种类多达几十种。

成功不只是运气和才能的问题，关键还在于适当的准备和不屈不挠的决心。对于真正的强者来说，无论失败多少次，他们都会再次奋起；无论环境条件多么恶劣，他们从不绝望。他们永远相信，只要鼓足勇气、集中精神去做，就一定能找到成功的契机。

人生没有真正意义上的失败。每当你失败时，再去尝试，成功也许就在你的一点点努力之后到来。

英国著名文学家约翰·克里西，年轻时就对文学有着浓厚的兴趣。35岁时，他开始了写作生涯，不断地向出版社和文学报刊投寄稿件。全国的出版部门很少有被他漏寄的，但他得到的结果却是743张退稿单。这可不是一个小数目,应该说对任何人都是一个不小的打击。但是,充满信心的克里西并没有被退稿单吓倒,他仍然一如既往地埋头苦读,笔耕不辍。

克里西从退稿单中汲取力量,他说:"不错,我正在承受人们不敢相信的大量失败的考验。如果我就此罢休,所有的退稿单就会变得毫无意义;而我一旦获得了成功,每一张退稿单的价值都要重新计算。"

就这样,这位勤奋和充满信心的作家不断地写作、投稿,直到最终得到编辑和读者的承认,成为一名著名作家。

成功就是一个"错了再试"的过程,我们只有不轻言放弃,在失败里摸索总结经验,才能让自己厚积薄发,用失败换取成功!

人的一生,本就由成功和失败相互交织而成,人不仅要学会追求成功,更要学会面对失败,而且要学会从失败中站起来,走向成功。要知道,失败和成功一样,也是一笔财富,失败并不等于平庸,只要你不放弃,你就永远拥有成功的机会。

乔丹曾说过这样一句话:"我可以承认失败,但无法接受放弃。"世界上只有一种失败,那就是放弃。对于一个永不言败的人来说,对于那些真正意识到自己力量的人来说,失败永远不会光顾他们;对于一颗意志坚定、永不服输的心灵来说,永远不会有失败。

困难没有那么可怕，不要自己打败自己

　　在人生的旅途上，遇到各种各样的困难是在所难免的，或工作中受到挫折，或生活上遭遇不幸，或学习上遇到困难，或事业上遇到瓶颈……当困难出现时，我们不要唉声叹气，自认倒霉；也不要悲观绝望，自暴自弃；更不要怨天尤人，诅咒命运。而应该在厄运和不幸面前不屈服、不后退、不动摇，顽强地同命运抗争，在重重困难中冲开一条通向胜利的路，成为征服困难的英雄、掌握自己命运的主人。

　　彼得在很小的时候不慎被高压电流击伤，当时的他只有3岁，而他面临的是双臂截肢。这一打击对一个孩子来说是非常残酷的，但更加残酷的是，他的父母放弃了这个看上去没有希望的孩子。他们把他送进一家残疾人孤儿院，在之后的18年中，他们很少去那里看他。这个被生活遗弃的孤儿艰难地开始了自己的人生。在孤儿院里，他的生活是在自己的摸索中完成的，但即使在那种艰苦的条件下，他依然在孤儿院上完了中学。

　　中学毕业后，他回到自己的故乡，然后开始边工作边学习。他在师范学院学习俄语，不过他并不想当老师，他只是想完善自己，他和其他健全的大学生一样要做作业，通过各门测验和考试，最后拿到毕业证。

　　不仅如此，他还结了婚，有了一个漂亮的妻子和一个健康可爱的儿子。他的妻子南希说："彼得很聪明，要是什么事情做不了，他就会琢磨该怎么做。他是一个优秀的绘图员，他会修各种电器，懂得所有的线路。例如电子表坏了，他就把它拆开修理，用小镊子灵巧地把零件一一装好。他的表总是挂在脖子上，他是用膝盖托起表来看时间的。他总是一刻不停地干这干那，他还改过裙子呢，又是量、又是划线、又是剪，最后用缝纫机做好。他在家乡也挺出名的，一天到晚总是吹着口哨或哼着歌儿，是个无忧无虑的快乐人。"

　　彼得喜欢唱歌，参加过巡回演出团，甚至还出国演出过。他经常跟自己的乐队一起到孤儿院去义演，他把和18岁的儿子一起录制的磁带送给他的朋友。晚年的他生活并不富裕，但是他每天都很开心，因为他可以开心地生活，而这一切都是靠自己自食其力得来的。

　　没有什么困难是战胜不了的，彼得的事例恰恰说明了这一点。身体上的严重损伤都不足以打倒彼得，他甚至通过努力拥有了比很多正常人还要精彩、丰富的人生，这需要多么大的意志力。所以说，困难并不可怕，可怕的是不能以正确的态度面对困难，在困难中使人倒下的往往不是困难本身，而是消极悲观的态度，是缺乏战胜困难的勇气和信心，是没有坚强的意志。正如一位哲人所说：一个人绝对不可在遇到困难时，背过身去试图逃避。若是这样做，只会使困难加倍。相反，如果面对它毫不退缩，困难便会减半。

人生之路不可能一帆风顺，总是伴随着困难和挫折。能够正确面对困难和挫折的人，成功的大门永远向他敞开，相反，那些面对挫折一蹶不振的人，永远也无法达到胜利的彼岸。我们应该时刻准备着迎接困难与挫折的考验和挑战，加强对挫折的承受力，在困难与挫折面前永远做个强者。

30多年前，李斯特还是一个破产的电动机厂经理，在法院通知他上法庭听候破产判决的那天，老婆领着孩子与她离婚了。

但李斯特并没有被这种失败的打击击倒，他破产之后没了房子，没了汽车，没了老婆、孩子，没有了维持正常生活的一切，为此他非常痛苦。昨天银行还向他微笑，今天就冷冰冰地从他手上拿走了房子；昨天还向他微笑的员工，今天就都拿了破产保证金走了；昨天还是他的汽车，今天就上了拍卖会；昨天还和他同床共枕的人，今天就带着孩子离开了他的生活……

李斯特失去了一切，需要找一个能睡觉的地方，他不得不睡在地铁的车站入口旁，从此在悉尼市又多了一位只能坐着"睡"在地铁入口处的男人。

面对这些现实，李斯特选择了一条路——捡破烂生存！他每天背一大袋的空可乐瓶去卖，并且每天都要总结当天的成功之处和失败之处，久而久之就养成了一个很好的工作模式，而且一直保持到了现在。

今天的李斯特早已成为了商业巨子，拥有了自己的跨国公司。令人惊奇的是，他起步所用的资金就是由他捡破烂换回的，而今天他已是拥有数十亿个人存款的富翁了。

李斯特说："若没有那一次的破产打击，我是绝不会认识到一些决定我成功的因素，例如怎样面对打击和痛苦，怎样用痛苦与失败激励我明确奋斗的目标，怎样看待每一分钱，怎么样很有效地利用好每一分钱，我需要弥补什么不足，等等。"

李斯特讲了一句名言："痛苦与失败是我的财富，尽管我不希望经常拥有这笔财富，但我要永远利用这笔曾属于我的财富，为我去创造更多的经济资源！"

李斯特是一个聪明的人，他将痛苦转换成为动力，将不幸牢牢记在心中，随时随地提醒自己去干好工作，终于战胜了困难，取得了巨大的成功。

在人生的道路上，总会遇到各种各样的难题，是想方设法战胜它，还是绕道走？勇敢者的选择只能是前者。因为只有勇敢地战胜困难，我们的人生才有意义，我们的事业才能成功。

如果你还可以努力，就不要轻言放弃

对渴望成功的人来说，努力，并不一定成功；但放弃，则一定会失败。不管做什么事，只要放弃了，就没有成功的机会；不放弃，就会一直拥有成功的希望。

　　不幸的是世界上有太多的放弃者。在生活中，我们总会遇到许多困难，有人尝试一次就放弃，有的人两次后放弃，也有的人坚持到五次后放弃，不管几次，放弃的结果是一样的——失败。其实，失败几次不要紧，只要不放弃，就很有可能迎来成功。

　　美国有一个大学篮球教练，新执教了一个很差劲的大学球队，因为这是个刚刚连输了十场比赛而开除了前任教练的大学球队。这位新教练给队员灌输的观念是"过去不等于未来""没有失败，只有暂时停止成功""过去的失败不算什么，这次是全新的开始"。

　　结果第十一场比赛打到中场时，球队又落后了30分，休息室里每个球员都垂头丧气。教练说："你们要放弃吗？"球员嘴里讲"不要放弃"，可肢体动作表明已经承认失败了。于是，教练就问了一个问题："各位，假如今天是迈克尔·乔丹遇到了连输十场比赛后，又在第十一场落后30分的情况，他会放弃吗？"球员道："他不会放弃！"教练又道："假如今天是拳王阿里被打得鼻青脸肿，但在钟声还没有响起、比赛还没有结束的情况下，拳王阿里会不会选择放弃？"球员答道："不会！""假如发明电灯的爱迪生来打篮球，他遇到这种状况，会不会放弃？"球员回答："不会！"最后，教练又问他们第四个问题："米勒会不会放弃？"这时全场非常安静，有人举手问："米勒是哪门子人物？怎么连听都没听说过？"教练带着淡淡的微笑说道：

"这个问题问得非常好，因为米勒以前在比赛的时候选择了放弃，所以你从来就没有听说过他的名字！"

这个故事向我们说明：失败只有一种，那就是放弃。永不言弃的人，总会有一个乐观的心态；而轻易放弃的人，心绪烦恼万分，终日生活在苦恼与悲观之中。在困难面前，永远不要轻易说放弃。放弃必然导致彻底的失败，而不放弃，总会找到解决的办法，总会有所收获。

很多时候，成功往往就在你想放弃的下一刻出现，如果你停止努力，就永远不可能享受到成功的果实，只能在失败的面前徒留遗憾。做事只要持之以恒，不轻言放弃，就会有意想不到的收获。

通往成功最后的那段路，往往是一道最难跨越的门槛。其实每一个人的一生中，无论工作或生活，都会或多或少地出现这样那样的极限环境，或者说极限困境。有的时候就需要那么一点点毅力、一点点努力坚持，成功就能触手可及，而不是充满遗憾地与之擦肩而过。

命运全在拼搏，奋斗就是希望。永不言弃的人，看到的永远是希望；而轻易就放弃的人，等待他的后果只会是绝望。

世上的事，只要不断努力去做，就有望战胜困难。哪怕事情再苦、再难，只要我们不放弃，只要我们"再坚持一下"，我们就有希望，就有成功的可能。

危机也许是转机，关键看你的态度

　　在人生的道路上，总是有许多不可预测的危机潜伏在我们的身边。危机既给人类带来了威胁，也形成了人类社会不断发展的驱动力，因为危机与契机是息息相关的，只要处置得当，危机也可以转化为契机，并由此而走向辉煌。

　　一夜之间，一场雷电引发的山火烧毁了美丽的森林庄园，刚刚从祖父那里继承了这座庄园的保罗·迪克陷入了一筹莫展的境地。百年基业毁于一旦，怎不叫人伤心？

　　百般思索之后，保罗决定倾其所有修复庄园。于是他向银行提交了贷款申请，但银行却拒绝了他。再也无计可施了，这位年轻的小伙子经受不住打击，闭门不出，眼睛熬出了血丝，他知道自己再也看不见曾经郁郁葱葱的森林了。

　　一个多月过去了，年逾古稀的外祖母获悉此事，意味深长地对保罗说："小伙子，庄园成了废墟并不可怕，可怕的是，你的眼睛失去了光泽，一天一天地老去。一双老去的眼睛，怎么能看得见希望……"保罗在外祖母的劝说下，一个人走出了庄园。

　　深秋的街道上，落叶凋零一地，一如他凌乱的心绪。他漫无目的地闲逛，在一条街道的拐弯处，他看到一家店铺的门前人头攒动，他下意识地走了过去。原来是一些家庭主妇正在排队购买木炭。那一块块木炭忽然让保罗的眼睛一亮，他看到了一丝希望。

在接下来的两个星期里，保罗雇了几名炭工，将庄园里烧焦的树木加工成优质的木炭，分装成1000箱，送到集市上的木炭经销店。

结果，木炭被抢购一空，他因此得到了一笔不菲的收入，然后他用这笔收入购买了一大批新树苗。几年以后，森林庄园再度绿意盎然。

天无绝人之路。有时候，危机也是一种转机。没有人愿意遭遇危机，也没有真正意义上的绝对危机，有的只是对待危机的不同态度和行动。

在人生之路上，遭遇各种危险、困境是难免的。危机降临之际，有人会感到恐慌，有人会躺倒叹息，有人会拼命与灾难搏斗，而有的人则会冷静地思考对策，从危机中寻觅创造成功的机遇。

有个专门种苹果的农夫，他种的苹果色泽鲜艳，美味可口，供不应求。

这一年，一场突如其来的冰雹把大多数的苹果都砸伤了，即将成熟的苹果上留下一道道疤痕。这对农夫来说无疑是一场毁灭性的打击，这样的苹果，销售商怎么能够接受呢！苹果无法销出，还得赔款。

乐观的农夫灵机一动，想到了一个绝妙的办法。他在苹果的包装上打出了这样的广告词："亲爱的顾客，您注意到了吗？在我们的脸上有一道道的疤痕，这是上帝馈赠给我们高原苹果的吻痕——高原上常有冰雹，因此高原苹果才有美丽的吻痕。如果你喜爱高原苹果的美味，那么请记住我们的正宗商标——疤痕！"

农夫的这则绝妙的广告起到了神奇的效果，他的苹果不仅没有滞销，而且销量比往年还好。

危机当然不是我们希望出现的，但危机中有时会暗藏着意想不到的转机。只要我们对于危机细心地分析，就能从中发现和捕捉到成功的机遇。

很多时候，机会往往产生于对危机的化解之中。所以，危机并不可怕，也并非不可逾越，可怕的是不知道危机的来临，不懂得危机的应对。只要我们能够有积极的危机意识，注重收集和分析信息，完全可以从危机中找到商机。事实上，在危机中，机会无所不在，只要抓住了它们，危机就会有"枯木逢春"的转机，甚至可能是成功的契机。

第五章

克服自卑情绪，扬起自信的风帆

摆脱人生枷锁，别让自卑毁了你

人的自卑心理来源于心理上的一种消极的自我暗示，即"我不行"。正如哲学家斯宾诺莎所说："由于痛苦而将自己看得太低就是自卑。"这也就是我们平常说的"自己看不起自己"。一个自卑的人常常以消极的态度评价自己，认为自己不如别人，在人前自惭形秽，从而丧失自信，悲观失望，不思进取，甚至沉沦。

有一个女孩曾写过这样一篇日记：

我不漂亮，没有让人眼前一亮的气质，原本这一切并不重要，因为我并没有意识到这一切，我很快乐地享受着父母给我的关爱。

后来我出远门，见到了许久未联系的哥哥，我很快乐，因为许多女孩都有一个哥哥情结，渴望被人永远地呵护。

有一天，哥哥的朋友把我误认为是哥哥的女朋友，哥哥说了句："我女朋友会这么丑吗？"

我惊诧了。忽然才意识到，我不是一个漂亮女生，虽然后来哥哥解释说："刚才那句话是反话。"可我有一种受伤的感觉，虽然当时的感觉并不强烈，可这件事我至今还记得。

大概又过了几年吧，我又一次和哥哥相逢了。我们一起去爬山，哥哥很想放声高歌，哥哥让我唱，我犹豫了，因为自己五音不全，我笑着拒绝了，我让哥哥唱，哥哥忽然说："前面要是有个美女就好了。"

我又一次惊诧了。此时的我已长大，而且在学校，同学的言语早已让我明白：我不是漂亮女孩。可哥哥的话还是让我很受伤。我不止一次地在心中呐喊：我为什么这么丑？

又是几年过去了，我又一次到了哥哥所在的那座城市，此时我犹豫了，我真的一点儿自信也没了，虽然很想去见哥哥，可我真的不愿意再受伤了。

显然事例中的女孩是一个自卑的人。在日常生活中，我们常常可以看到这类人，他们过于苛求自己，总觉得自己不如他人，由此而产生自卑的心理：有些人因为身体上有某些缺陷而产生自卑；有些人因为学习成绩不如同伴而自卑；有些人因为工作不如他人而自卑；甚至有人也会因自己的形体高矮、胖瘦不如意而自卑……

俗话说"人无完人，金无足赤"。人们不应因为在生理上有某些缺陷或在工作和学习上一时不如他人而产生自卑的心理。其实，自卑只是自己和自己过不去。为什么老要和自己过不去呢？你不觉得自己身上也有许多可爱的地方、令人骄傲的地方吗？也许你不漂亮，但是你很聪明；也许你不够聪明，但是你很善良。人有一万个理由自卑，也有一万个理由自信！丑小鸭变成白天鹅的秘密，就在于它勇敢地挺起了胸膛，骄傲地扇动了翅膀。

著名的奥地利心理学家阿德勒认为："人类都有自卑感，都应学会克服与超越自卑感。小的时候，看到别人长大而自卑；长大后，发现别人比自己有钱而自卑；有钱的时候，看到别人比自己更年轻力壮也自卑。这样看来，自卑其实是不可怕的。从某种程度上讲，自卑也是推动一个人不断自我完善的动力。但是，如果你已经认识到自己的自卑，而不愿意去进行自我突破的话，那么自卑对你来讲就是非常有害的。"所以千万不要沉溺在自卑的情绪里，那样你就会越过越糟糕。

美国前总统罗斯福是个有缺陷的人。他小时候是一个脆弱胆小的学生，在课堂上总显露出一种惊惧的表情。他有哮喘病，呼吸就好像喘大气一样。如果被叫起来背诵课文，他会立即双腿发抖，嘴唇也颤动不已，开起口来含含糊糊、吞吞吐吐，然后颓然地坐下来。由于牙齿有点外突，加上难堪，他看起来灰头土脸。

像他这样一个小孩，自我的感觉一定很敏感，常常容易拒绝参加同学间的任何活动，不喜欢交朋友。他是一个自卑心理很重的人！然而，罗斯福的父母却通过鼓励和其他一些积极的教育方法，使罗斯福树立起了很强的奋斗的精神——一种任何人都可具备的奋斗精神。

他爸爸对他说："罗斯福，你有着别人所没有的特点，你将成为一个伟大的人！所以，你没有必要为别人的嘲笑而减少勇气。你要用坚强的意志去努力奋斗，你一定会成功的！"从此以后，罗斯福开始坚信自己是勇敢、强壮或好看的。他用行动和自信克服了先天的障碍而获得成功。

罗斯福从此不再在缺陷面前退缩和消沉，而是充分、全面地认识自己，在顽强之中抗争。而且他不因缺憾而气馁，而是把它当作动力，将它变为资本、变为扶梯，使自己登上了成功的巅峰。他当了受人尊敬的总统，在晚年，已经很少有人知道他曾是有严重自卑感的人了。

自卑是自己为自己设置的障碍，只有建立自信，跨越这道门槛，自卑者才能集中精力和斗志去从事自己的事业，开始一种新的生活。所以我们一定要征服畏惧，战胜自卑。

著名的"打工女皇"吴士宏在《逆风飞扬》中曾说过这样一段话："自卑使人犹如驾着一叶小舟孤苦无助地漂浮在漆黑的、波涛汹涌的大海上；自信则如闪烁在前方小岛上的航标灯，带给你希望，召唤你前进。一个人如果自卑，就没有勇气选择奋斗的目标；因为自卑，在事业上就不敢出人头地；因为自卑，就失去战胜困难的毅力；因为自卑，就得过且过，随波逐流……由此说来，自卑就是在一点一点地葬送自己；自卑就是一点一点地将自己的一切扼杀殆尽；自卑就是一点一点为自己的人生留下遗憾。一个人要想书写出绚丽的篇章，就必须摆脱自卑的阴影，让自信回归。"由此可见，有自卑感并不可怕，只要个人始终努力克服自卑，追求卓越，自卑就会转化为自信。不然，自卑就会向自弃、自毁和自灭的方向发展。

自信，来源于不自卑，想自信，唯一的方法，是去除自卑。只有控制自卑心理，你才会敢于进取，成为一个有主动创造精神的人；你才会有积极的人生态度，才会活得开朗、开心；你才会勇于承担责任，成为一个有责任心的人。

没有人是完美的，学会接纳自我

每个人都不可能是十全十美的，都会有缺陷，如果你的眼中只看到了自己的不足，就会陷入自卑当中。所以不要因为自身的缺陷而恼恨，要勇敢地面对缺陷，将自卑甩在身后，才能重新扬起自信的风帆，才会重新展开希望的翅膀，从而抵达胜利的彼岸。如果想要别人接纳我们，首先就要从自己接纳自己开始。

　　美国一名电车车长的女儿叫凯丝·达莉，从小就喜欢唱歌，梦想做一名歌唱演员，但是她的牙齿长得很不好看。
　　一次，她在新泽西州的一家夜总会演出时，总想把上唇拉下来盖住丑陋的牙齿，结果洋相百出。演完之后，她哭了。正当她哭得伤心的时候，台下的一位老人对她说："孩子，你很有天分，坦率地讲，我一直在注意你的表演，我知道你想掩饰什么，你想掩饰的是你的牙齿，难道长了这样的牙齿一定就丑陋不堪吗？听着，孩子，观众欣赏的是你的歌声，而不是你的牙齿，他们需要的是真实。张开你的嘴巴，孩子，观众看到连你都不在乎这点缺陷的话，他们就会对你产生好感的。再说了，孩子，说不定那些你想遮掩起来的牙齿，还会给你带来好运呢。"
　　凯丝·达莉接受了老人的忠告，不再去注意自己的牙齿。从那时候起，她一心只想着自己的观众，她张大嘴巴，热情而高兴地唱着。最后，她成了电影界和广播界的一流明星。后来，甚至许多喜剧演员还希望学她的样子。

　　这个故事告诉人们，如果能够坦然地、微笑着面对自己生命中的一些缺憾和不足，愉悦地接纳自己，运用积极的思维扬长避短，充分发挥自己的潜力，同样会带来"柳暗花明又一村"的美景。
　　墨子说过："甘瓜苦蒂，天下物无全美。"世界永远存在缺陷，我们个人也就难免会有缺陷。缺陷人人都有，而关键在于我们如何去对待它。我们只有接受缺陷才能够看到更完美的人生，我们要学会欣赏自己的不完美，学会利用缺陷，将它转化为成功的有利条件。正视缺陷，它将激发出我们更大的创造力和激情。

曾担任菲律宾外长的罗慕洛身高只有163厘米。以前，他曾因为这个身高而羞于见人。为了让自己显得高一点，他穿过高跟鞋，但高跟鞋令他感到特别难受。

他不想骗自己，于是便把高跟鞋扔了。后来，在他的一生中，他的许多成就却与他的"矮"有关，也就是说，矮倒促使他成功，以至他说出这样的话："但愿我生生世世都做矮子。"

那时候，当美国人还不知道罗慕洛是谁时，他已被圣母大学聘为荣誉教授，并且发表演讲。那天，身材高大的罗斯福总统也在受邀之列，他演讲完毕后，笑吟吟地怪罗慕洛"抢了美国总统的风头"。更值得回味的是，联合国创立会议在旧金山举行，罗慕洛以菲律宾代表团团长身份应邀发表演说。讲台差不多和他一般高。等大家静下来，罗慕洛庄严地说出一句："我们就把这个会场当作最后的战场吧。"这时，全场登时寂然，接着爆发出一阵掌声。最后，他以"维护尊严、言辞和思想比枪炮更有力量……唯一牢不可破的防线是互助互谅的防线。"结束演讲时，全场响起了暴风雨般的掌声。后来，他分析道：如果大个子说这番话，听众可能客客气气地鼓一下掌，但菲律宾那时离独立还有一年，自己又是矮个子，由他来说，就有意想不到的效果，从那天起，菲律宾在联合国中就被各国当作资格十足的国家了。

在这个事例中，虽然罗慕洛个子矮是他的劣势，但他敢于正视自己的不足，合理运用不足，将劣势变为了优势。矮个子起初总被人轻视，但当他有了不俗的表现后，别人就觉得出乎意料，不由得佩服起来，他在人们的心目中就会变得格外出色，以至平常的事一经他手，就似乎成了破石惊天之举。

人不怕有缺陷，关键是应以正确的态度对待缺陷。把缺陷当成前进的阶梯，克服掉自身的不足，人生同样可以走向更高的境界。所以，无论你有什么弱点，有什么缺陷，也不能因此丧失自信心，因为这些都不是你成功的障碍。只要你有志气，有决心，你完全可以克服自己的不足之处，甚至还可以把你最弱的地方转化为最强的部分。

有一位成功人士曾说："别在乎别人对你的评价，否则，这会成为你的包袱，我从不害怕自己得不到别人的喝彩，因为我会记得随时为自己鼓掌。" 人们要学会接受自己的不完美，接受之后要学会淡然面对，这种淡然的精神并不是每个人都有的，它表现的是一种对生活的豁然与自信。此时的缺陷不再是一种需要去刻意掩盖或自卑的东西，也不再是失败的借口或者自我安慰的谎言，而是在生活中为自己争取其他优势的资本，是成功道路中必然经历的过程。

事实上，每个人都不会是"十分完美"的，都有各自的缺陷，但也有自己突出的优点。突出你的优点，正视你的缺陷，这就是你要做好的事。

鼓足信心，你也可以不羞怯

羞怯心理是一种常见的情绪反应，主要表现为紧张、难为情、脸红和退缩，但过分怕羞就会成为一种心理障碍。

生活中，很多害羞、自卑的人往往怕与人交往，过多地约束自己的言行，在交谈中无法顺畅地表达自己的思想感情，难以与他人进行正常的沟通，以至于自己的才能无法充分展示，甚至会形成紧张、焦虑、恐惧等情绪状态，这种状态的泛化，会导致社交恐惧症。

刘刚是一名刚踏上工作岗位的小伙子，性格比较内向、害羞。尽管已经大学毕业参加工作了，但他对与其他人交往有一种恐惧感，见到人，脸就红，尤其是陌生人。如果与别人在一起时，他便会莫名其妙地紧张。当他与别人并肩而坐的时候，心中总是想要看看别人，这种愿望很强，但又因为恐惧而不敢转过脸去看。如因有事必须与他人接触时，不论对方是男是女，刘刚一走近对方，便感到心慌、紧张、面部发热，不敢抬头正视对方。如果与陌生人坐在一起，相距两米左右时，他就开始感到焦虑不安、手心出汗，神情也极不自然。因此，他很害怕与别人接触，进而害怕到外面去做业务，这影响了他的工作成绩和正常的生活，刘刚的内心感到非常痛苦。

一般来说,每个人在与自己不熟悉或比较重要的人交往时,都会出现一种羞怯或紧张感,并反射性地引起人体交感神经兴奋,从而使人的心跳加快,毛细血管扩张,即表现为脸红。这本是人际交往中的一种正常反应,随时间推移会习以为常。但性格羞怯的人往往是缺乏自信,对自己的能力没有一个正确的认识,没法与他人进行正常的沟通交流,这是对陌生的人和环境所产生的回应,是心理懦弱的表现。

羞怯者一般都具有一定的性格障碍和心理障碍,过分的害羞,总会给人带来一连串问题,如妨碍正常社交、降低自我形象等。当社交退缩成为他们的一种习惯后,又很难自觉地去改变这种情况,一旦在生活中遭到打击或者是遇到刺激就会更加羞怯、更不敢见人。如果长此以往,很有可能会导致焦虑,演变成社交恐惧症,严重影响人们正常的生活和人际交往。

那么,我们如何才能控制自己害羞的情绪呢?心理学家给出了如下的建议:

1. 培养自信心。羞怯也是由于自卑而导致的,而自卑是对自我的错误认识,过度地否定自己。因此,增加自信心是克服羞怯的根本方法。每个人都有缺点,也必然有优点,不必为自己的某些短处而自惭形秽,要看到并发挥自己的长处,克服自己的缺点,摆脱与人交往的自卑阴影。遇事多采取主动态度,当你勇敢地说出第一句话,勇敢地迈出第一步时,你可能感到羞怯,但羞怯不等于失败,胜利者比失败者多的往往就是一份勇气。

2. 乐观生活。羞怯心理来源于内心的自卑感。所以,要克服自卑,就不要觉得自己什么都不如别人,什么都做不好。要做到这一点,平时生活要乐观,不要见风就是雨,把事情想复杂了,凡事退一步海阔天空,多想正面的东西,尽量克服负面的情绪。心态好了,自然就能客观地为人处世了。

3．努力用知识充实自己。知识可以丰富人的底蕴、增加人的风度、提升人的气质，也是克服羞怯心理的良药。经常读些课外书籍、报纸杂志，开阔自己的视野，丰富自己的阅历，你就会发现，在社交场合你可以毫无困难地表达你的意见，这将会有力地帮助你树立自信，克服羞怯。

4．加强交往能力的锻炼。要充分利用一切机会积极锻炼自己，学会同各种各样的人打交道，善于在关键时刻表现自己。遇到聚会、联谊时，要善于寻找时机与周围的人交谈。不要"前怕狼后怕虎"，错过与成功握手的机会。昂起你的头，只要你勇敢地迈出这道门槛，你会发现世界是如此多彩。

5．保持松弛。松弛是克服羞怯心理的关键。羞怯的人常常过于关心他人对自己的看法，而常处于紧张状态，此时应尽量用玩笑或幽默来自我解脱。如果你能把注意力集中到你所应注意的人或事上，你就会渐渐忘记自己的不自在。

懂得自我欣赏，你是独一无二的

世界上没有两片完全相同的树叶，人也是这样，每个人都是上帝的宠儿，都是独一无二的，所以我们要学会欣赏自己。

人类最深的本性是渴望被欣赏。很多时候，我们总是希望得到他人的欣赏，却忘记了我们自己欣赏自己。学会接纳自己、欣赏自己、喜欢自己的不完美、喜欢自己的个性的人，会发现自己不仅获得了有更多喜悦感的生活，还会拥有更多的魅力。

　　蜚声世界影坛的意大利著名电影明星索菲亚·罗兰之所以能够成为令世人瞩目的超级影星，和她对自己价值的肯定以及她的自信心是分不开的。

　　为了生存，以及出于对电影事业的热爱，16岁的罗兰来到了罗马，想在这里涉足电影界。没想到，第一次试镜就失败了，所有的摄影师都说她够不上美人标准，都抱怨她的鼻子和臀部。没办法，导演卡洛·庞蒂只好把她叫到办公室，建议她把臀部削减一点，把鼻子缩短一点。一般情况下，许多演员都对导演言听计从，可是年纪轻轻的罗兰却非常有勇气和主见，拒绝了对方的要求。她说："我当然懂得我的外形跟已经成名的那些女演员颇有不同，她们都相貌出众、五官端正，而我却不是这样。我的脸毛病太多，但这些毛病加在一起反而会更有魅力呢！如果我们的鼻子上有一个肿块，我会毫不犹豫把它除掉。但是，说我的鼻子太长，那是无道理的，因为我知道，鼻子是脸的主要部分，它使脸具有特点。我喜欢我的鼻子和脸本来的样子。说实在的，我的脸确实与众不同，但是我为什么要长得跟别人一样呢？"

　　"我要保持我的本色，我什么也不愿改变。"

　　"我愿意保持我的本来面目。"

　　正是罗兰的坚持，使导演卡洛·庞蒂重新审视并真正认识了索菲亚·罗兰，开始了解她并且欣赏她。

　　罗兰没有对摄影师们的话言听计从，没有为迎合别人而放弃自己的个性，没有因为别人而丧失信心，所以她才得以在电影中充分展示她的与众不同的美。而且，她的独特外貌和热情、开朗、奔放的气质开始得到人们的欣赏。后来，她主演的《两妇人》获得巨大成功，并因此而荣获奥斯卡最佳女演员奖。

一位哲人说过："别在乎别人对你的评价，否则，这会成为你的包袱，我从不害怕自己得不到别人的喝彩，因为我会记得随时为自己鼓掌。"在人生的舞台上，最重要的不是看到别人的优点，而是要学会欣赏自己，找到自己的优点。因为你是独一无二的、与众不同的，你的身上有很多他人没有的长处。不要一味地羡慕别人、看轻自己，这只会迷失了自己的本性。所以我们一定要学会接纳自己、欣赏自己。

一天清晨，一位园丁去花园除草，但她发现所有的花草树木都枯萎了，原本生机盎然的花园呈现出了一片衰败的景象。

她感到十分诧异，于是就对橡树说："你们怎么了，为什么一夜之间就全部凋零了？"橡树回答说："因为我没有松树那样高大挺拔，所以，我很讨厌生存在这个世界上，我不想活了。"

然后她又问松树，松树回答说："我讨厌自己不能像葡萄藤那样结出果实。"

然后，她又问葡萄藤，葡萄藤回答说："我只能攀缘生长，难以直立，又不能像牵牛花一样绽开美丽的花朵，像丁香花那样散发迷人的清香。"

后来，其他花草树木也都说出了自己的沮丧，都抱怨自己不如其他植物。

这时，园丁转头一看，发现旁边却有一棵长势良好的小草。

于是，园丁蹲下来问道："你为什么不沮丧呢？"小草回答说："我知道你需要橡树、松树、葡萄、丁香花，所以才去栽种它们。虽然我没有它们那样吸引人，但是，我相信我有我的美，是它们都不具有的，所以，我不灰心，不沮丧，每天享受阳光的照射，快乐成长！"

活在这个世上，我们每个人都是独一无二的，不可复制，无法替代，与其去羡慕别人，不如做好我们自己。卡耐基曾说过："发现你自己，你就是你。一定不要忘记，地球上的任何人都不可能和你一样……在这个世界上，你就是独有的。你必须以自己的方式来歌唱，必须以自己的方式来绘画。你的经验、你的环境、你的遗传基因打造了今日的你。不论喜欢还是不喜欢，你只能在自己的小园地中不懈耕耘，不论其好坏与否，你只能在生命的乐章中演奏出自己的乐谱。"

每个人都是独特的。这个独特的"我"，既有长处，也存在不足。一个人只有懂得接纳自我，找到欣赏自我的角度，才能激发自己的潜力，才能出色地发挥自己的才能，才能赢得他人的认可。

如果自己都不相信自己，谁还会相信你

坚定地相信自己，这就是自信，也是所有取得了伟大成就的人的基本品质。相信自己，就是要相信自己的优势，相信自己的能力。人一旦有了自信，其精神面貌就会焕然一新，气场就会变强，言谈举止、待人接物都会产生很大不同。取得成功、赢得别人喜欢和信任的最好方式就是要自信。

自信是一种积极的心理状态，是对自我能力、自我价值的积极肯定。有人说，自信就像人生道路上随身携带的一根鞭子，不时地鞭策自己攻克难关，登上新的高度。自信使人进步，使人发愤，使人走向成功。自信是战胜一切困难的必要条件，能够搭起成功的桥梁，任何时候只有树立坚固的自信心，遇到困难和坎坷才能够迎刃而解，而不至于悲观失望、停止行动、裹足不前。

美国爆发经济危机那年，许多公司都在裁员，而那时，有个青年刚从大学毕业，想到当地一家大百货公司找一份工作。他带有一份介绍信，这是他的父亲写给当年的大学同学——百货公司经理的。

经理读了介绍信，对年轻人说："我本来可以给你找个工作干干，令尊是我大学里最要好的朋友之一，每年校友联欢会上，我都期望见到他。可不巧的是，你这个时候来，真是再糟糕不过了。好长时间以来，我们生意一直亏本，除了最必需的人员，我们不得已把其他所有的职员都解雇了。"

这所大学的许多毕业生都来这家百货公司找工作，得到的全是类似的答复。

一天，又有一个学生说起他要到百货公司寻个差事，同伴们不禁哄笑起来，说他纯粹是浪费时间。

但这个小伙子自有主意，他相信自己有能力得到一份工作。他手上没有什么介绍信，进了商店就径自来到经理办公室的门口。他请人送进去一张条子，字条上写着："本人有一个主意，可帮你从大萧条中解脱出来，可否与你一谈？""请他进来！"公司经理命令道。

小伙子进去后马上切入正题："我想帮你开办大学专柜，向大学生销售服装。本校16000名学生，人数年年都有增长。批发衣服我虽然一窍不通，但我懂得这些学生喜欢什么。让我帮你开办受大学生欢迎的专柜，我可以向他们宣传，吸引他们来这里买衣服。"

没过多久，这家百货公司果真办起了大学专柜，新颖的款式吸引了一批又一批大学生涌入百货公司，公司很快就生意兴隆，发了大财！不用说，这个小伙子成了公司的雇员。

我们不排除这个小伙子的成功与他非凡的个人能力有关，但重要的是，他十分相信自己，进而赢得了经理的信任，并给予了他一个机会。所以说，如果不是他相信自己，纵使他有多强的能力，也得不到经理的信任。

没有自信，便没有成功。一个获得了巨大成功的人，首先是因为他有自信。古往今来，有许多失败者之所以失败，究其原因，不是因为无能，而是因为不自信。自信，使不可能成为可能，使可能成为现实；不自信，使可能变成不可能，使不可能变成毫无希望。

美国著名的教育家拿破仑·希尔曾说："信心是生命和力量，信心是奇迹，信心是创业之本。"有了自信，就会奋发图强；有了自信，就会有百折不挠的韧性；有了自信，就会有战胜困难的勇气；有了自信，就会有成功的希望。然而，在现实生活中，有些人由于性格、心理、社会、文化等原因，对自己缺乏信心，并为此而感到痛苦。因为他们不知道信心为何物，他们把信心等同于幻想或想象。

做任何事情都需要有自信。爱默生说："自信是成功的第一秘诀。"自信的人，总是自带光环和吸引力，言谈举止中所流露和表达的是一种激情，是一种催人奋进的豪迈，是一种无形的力量，这种力量的迸发能使人坚定沉着、冷静果敢。同时，你的自信也会感染他人，吸引他人的注意力，还会对你的事业发展有巨大的推动作用。

小泽征尔是世界著名的交响乐指挥家。在一次世界优秀指挥家大赛的决赛中，他按照评委会给的乐谱指挥演奏，敏锐地发现了不和谐的声音。起初，他以为是乐队演奏出了错误，就停下来重新演奏，但还是不对。他觉得是乐谱有问题。这时，在场的作曲家和评委会的权威人士坚持说乐谱绝对没有问题，是他错了。面对一大批音乐大师和权威人士，他思考再三，最后斩钉截铁地大声说："不！一定是乐谱错了！"话音刚落，评委席上的评委们立即站起来，报以热烈的掌声，祝贺他大赛夺魁。

原来，这是评委们精心设计的"圈套"，以此来检验指挥家在发现乐谱错误并遭到权威人士"否定"的情况下，能否坚持自己的正确主张。前两位参加决赛的指挥家虽然也发现了错误，但终因随声附和权威们的意见而被淘汰。小泽征尔却因充满自信而摘取了世界指挥家大赛的桂冠。

信心是决定成功的重要因素。在人生的道路上，一定要与自信同行，你才能更好地生存和发展。自信是对自己能力的一种肯定，能为我们带来成功、带来胜利，同时也向外界显示了自己的实力。如果你对自己没有信心，那么你将永远无法到达成功的彼岸。

古往今来，凡是有成就的人，无一不是以良好的自信为先导。强烈的自信心，可以使人产生巨大的力量，促使人不断进取。这种催人向上的力量，既是一种强大的内部驱动力，又是一种强大的自我约束力。它能使人燃起智慧的火花，充分挖掘自己的潜力，不断给自己提出新的要求，去完成各项任务，去创新发明。所以，一个人只要能保持自信，就会要求自己努力上进，加强对自己的约束，提高自己各方面的素质和水平。

一个人犹如一条船，理想是帆，信心是桨，船长是自己，只要扬起帆，划起桨，成功就会在彼岸欢迎你。有信心的人可以化渺小为伟大，化平庸为神奇，让自己产生奋斗的勇气和力量。

告诉自己"我真的很重要"

生活中，自卑的人常常会低估自己的能力，否定自己的强大，这无疑是一件很可悲的事情。许多人一事无成，也是因为他们低估了自己的能力，妄自菲薄，以致限制了自己的成就。所以，每一个人都要对自己有信心，千万不要低估自己的能力。

德国哲学家谢林曾经说过："一个人如果能意识到自己是什么样的人，那么，很快他就会知道自己应该成为什么样的人。首先让他在思想上觉得自己很重要，那么，他很快就会在现实生活中觉得自己很重要。"也许我们很平凡、很普通，但没有人能否认我们的重要性。每个人来到这个世界上走一遭都不容易，即使没有干出惊天动地的伟业，也不会在史册上永垂不朽，但至少我们曾经存在过、奋斗过，没有人能否认我们的重要性。

每个人都可以用自己的眼光看待自己，你认为你自己有8分的价值，就不要指望别人认为你有9分的价值，事实上，别人也不可能把你看得更重。人们很容易从你的表情和眼神中判断，你到底如何给自己打分。一旦别人发现你连对自己的评价都不高，他们也不会自找麻烦，去寻找理由证明你的自我评价偏低。因为很多人都相信，没有谁比你自己对自己的评价更真实、更准确。

如果一个人自己都不看好自己，没有什么好评价，又怎么能指望别人给你好评价呢？有这样一句谚语："不自重者，别人不会尊重他。"是的，你首先轻视了自己，别人自然不会把你看得很重要，拒绝你、轻视你也是自然的事情了。你不能在看不起自己的时候，还在心中对别人说：你们应该看重我。即使你这样做了，结果也会让你自己失望，因为对自己的尊重和别人对你的尊重是一致的，至少它们建立在同一个原则上。

二战结束之后，一家濒临倒闭的食品公司为了起死回生，决定裁员三分之一。有三种人名列其中：一种是清洁工，一种是司机，一种是无任何技术的仓管人员。这三种人加起来有30多名。经理找他们谈话，说明了裁员意图。清洁工说："我们很重要，如果没有我们打扫卫生，没有清洁优美、健康有序的工作环境，你们怎么能全身心投入工作？"司机说："我们很重要，这么多产品没有司机怎么能迅速销往市场？"仓管人员说："我们很重要，战争刚刚过去，许多人挣扎在饥饿线上，如果没有我们，这些食品岂不要被流浪街头的乞丐偷光！"经理觉得他们说的话都很有道理，权衡再三决定不裁员，重新制订了管理策略。最后经理在厂门口悬挂了一块大匾，上面写着：我很重要。

　　后来，员工们每天早晨来上班时，一走到工厂大门首先看到的便是"我很重要"这4个字。不管一线职工还是白领阶层，都认为领导很重视他们，因此工作也很卖命，这句话调动了全体职工的积极性，几年后公司迅速崛起，成为当地有名的公司之一。

　　不管一个人自我感觉多么卑微、渺小，他都有自身的价值，如果我们能意识到"我很重要""我很伟大"，并以这种心态对待一切，我们的生活将变得更加美好。不要淹没在别人的光辉里，要让自己灿烂夺目。

　　很多时候，我们总感觉自己不重要，这是因为心里总有一个声音在质疑，与其他人相比，你的能力，你的价值，真的比别人重要吗？于是，我们否定自己的价值，真觉得自己不重要了。

　　但是，你可曾想过，我们在这个世界上是独一无二的个体，对于我的工作、我的事业，我就是主宰，我主导着一切的进展；对于家人，我就是一座桥梁，我可以帮助他们也同时让他们感到安心；对于朋友，我就是核心，帮助他们的同时也一同为我们共同的目标用心努力……难道说我们不重要吗？

　　某大医院里住着两个癌症患者，甲是来自贫穷的农村，乙是这所城市的有钱人。每天都有人来看望患者乙，家人说："家里的事不用你操心，安心养病吧。"朋友说："你什么事也别想，一门心思治疗。"单位的人说："你的工作有人接替了，你现在的工作就是疗养。"而患者甲的老婆十天半月才来一次，送钱，送一些日用品，同时还向他请示家里的一些重要事情如何处理。

几个月以后，乙在亲朋好友或真情或假意的哭声中离开了人世，而甲却奇迹般地康复了。原因就是乙的探访者都对他无微不至地宽慰，使他感觉到他们已经不需要自己了，更不要说自己有多重要了。可甲时时感到他很重要，因而带着强烈的求生欲望和病魔做斗争。

否定自己的重要性，就是否定自己的价值。要知道，任何人对一个集体或家庭而言，都是很重要的，即使你是一粒沙、一滴水，都可以很重要，只要你懂得把自己放在最适合的位置、最适合的领域以及最适合的时间点上。我们每个人的未来都充满了无限的可能性，你应该给自己探索自身潜能的机会，你应该知道你的优势在哪里，你可以比现在生活得更好，并且在生活中变得更重要。所以，我们要善待自己，勇敢地接纳自己，大胆地说出："我很重要，我很伟大。"

第六章

摆脱厌烦情绪，凡事宽心以待

放下仇恨，学会宽容

宽容是快乐的源泉。在生活中，有很多烦恼和怨恨的产生，都源自缺少了宽容，所以我们才会感觉不快乐。古希腊一位哲学家曾经说过："只要你懂得宽容，你的环境会变得更为宽阔，绝不耿耿于怀，生活才能永远快乐。"看来，只有度量大的人，才可以有稳定的、积极的、健康的情绪，而只有这样的情绪才可以创造出一个真正快乐的人。

有这样一个小故事：

在很久以前，有一位非常富有的商人，当他年事已高时，便决定把家产分给三个儿子，但在分财产之前，他要三个儿子去游历天下做生意。临行前，他告诉孩子们："你们一年后要回到这里，告诉我你们在这一年内，所做过的最高尚的事。我的财产不想分割，集中起来才能让下一代更富有；所以一年后，能做出最高尚事情的那个孩子，才能得到我的所有财产！"

一年之后，三个儿子陆续回到家里。

老大先说："我在游历期间，曾遇到一个陌生人，他十分信任我，将一袋金币交给我保管。后来他不幸过世，我就将金币原封不动地交还给了他的家人。"他的父亲评价说：

"孩子，你做得很好！但是诚实是你应有的品德，称不上是高尚的事情。"

二儿子接着说："我旅行到一个贫穷的村落，见到一个小孩不幸落水掉到河里，我立即跳下马，奋不顾身地把那个孩子救了上来。"他的父亲称赞说："孩子，你真了不起！但是在那种情形下，从河中救人是会游泳的人都应做的事，这件事也称不上是高尚的事。"

三儿子迟疑了一下说："我有一个仇人，他千方百计地陷害我，有好几次我差点死在他的手中。在我旅行途中，有一个夜晚，我独自骑马走在悬崖边，发现我的仇人正睡在崖边的一棵树下，我只要轻轻一脚，就能把他踢下悬崖；但我没这么做，我叫醒他，让他继续赶路。这实在算不上什么大事……"

他的父亲却正色回答："我的孩子，能帮助自己的仇人，是高尚而神圣的事，你办到了。来，我所有的产业将都是你的。"

古人云："冤冤相报何时了，得饶人处且饶人。"在人际交往中，难免会有矛盾冲突，当别人冒犯了你的尊严或是损害了你的利益时，给予理解和宽容，这是一种美德，也是一种福气。

宽容是为了那些曾经伤害或侵犯我们的人着想而做出的选择，它的最高境界是心灵的净化和升华，它使我们从中看到了非常强大的力量。所以说，一个人能够以宽容对待伤害自己的人，不但会化解和避免很多无谓的矛盾，而且会产生出一种温暖的自我完美感，可以消融自己的痛苦、烦恼，帮助我们恢复友谊、爱情和事业。

宽容的伟大来自内心，宽容无法强迫，真正的宽容总是真诚的、自然的。用你的体谅、关怀、宽容对待曾经伤害过你的人，使他感受到你的真诚和温暖。宽容所至，能化干戈为玉帛，仇恨的乌云也会被一片祥和之光所驱散，澄明而辽阔，蔚蓝如洗。

仇恨是重负，一个人不能原谅别人，不肯放弃自己心中的仇恨，其实就是自己跟自己过不去，自己在仇恨自己，自己让自己受罪！仇恨越多的人将只会活得越苦，一个没有仇恨之心的人才能真正活得快乐！

有一个家庭因为太穷，母亲为了不让女儿饿死，就把她送给了别人。长大后，女孩知道了这件事，觉得自己的亲生父母太狠心了，她几次拒绝了亲生母亲的相认，连她亲手给她织的毛衣也一眼没有看过，只是把它收了起来，搁在箱底。后来，她结了婚有了自己的孩子，但她的心一直沉浸在怨恨里。在她孩子五岁的那年，突然传来母亲病危的消息。那时刚好是冬天，乡里的人送信说母亲想见她一面，让她穿上那件毛衣。

赶到母亲家时，母亲已经辞世了。母亲临走时手里一直握着一枚蓝色的扣子。在母亲的身边放着一封信，信里说，送给女儿毛衣的那天，母亲回到家里才发现那件衣服还有一枚扣子忘记钉上。母亲一直想去帮女儿缝上这枚扣子，想了十几年，希望再见到女儿，母亲觉得自己欠女儿一枚扣子。

她拿着这枚已经被磨搓得光滑圆润的扣子，她不知道母亲每当深夜想起她时，就会拿出那枚扣子，放在掌心静静地看，看了十几年。

这个女儿前三十年是在怨恨中度过的，后四十五年是在悔恨中度过的。如果在母亲给她送来毛衣的那天，她能够宽容一次，那么，她的一生可能就要改写。

宽容是胸襟广大者为人处事的态度，没有宽容的世界永远不会幸福和安宁。以一颗宽容的心去对待生活，天地自宽。当我们学会宽容的时候，我们就在超越自我、提升自我，使自己走向洁净的心境。当我们学会宽容的时候，我们原谅别人，给别人一个改过的机会，就是给自己一个更加广阔的空间。

常言道："海阔不如心宽，地厚不如德厚。"宽容能使人保持一种恬淡、安静的心态。懂得宽容别人，自己的性情也有了转折的余地，从而在生活的各种境况里，无论遭遇什么样的人和事，都不至于怒发冲冠、牢骚满腹、委屈痛苦，对别人是这样，对己亦然。假如我们每个人都能以宽容、达观和敦厚的心，去生活处世，便会拥有宽广的心理生活空间，任自己遨游，就会生活得很自在。

消除虚荣，不要打肿脸充胖子

虚荣心是对名利、荣誉、面子等的一种过分追求，是道德责任感在个人心理上的一种畸形反映，是一种不良的心理品质，其本质是利己主义的情感反映。心理学认为，虚荣心是自尊心的过分表现，是为了取得荣誉和引起普遍注意而表现出来的一种不正常的社会情感。

　　受虚荣心驱使的人，只追求表面上的荣耀，往往不顾实际条件去求得虚假的荣誉。有人说虚荣心是一种扭曲的自尊心，死要面子，打肿脸充胖子，这就是对虚荣心的生动描述。

　　男孩和女孩是一对青梅竹马的恋人。

　　有一天，两人牵着手去逛街。当经过一家首饰店门口时，女孩一眼看见了摆在玻璃柜中的那条心形的金项链。女孩心想：我的脖子这么白，配上这条项链一定好看。男孩看见了女孩眼中那依依不舍的目光，他摸摸自己的钱包，脸红了，拉着女孩走开了。

　　几个月后，女孩的20岁生日到了。在女孩的生日宴会上，男孩喝了很多酒，才敢把给女孩的生日礼物拿出来，那正是女孩心仪的那条心形的金项链。女孩高兴地当众吻了一下男孩的脸。过了半晌，男孩才憋红着脸，搓着手，嗫嚅地说："不过，这，这项链是……铜的……"男孩的声音很小，但客厅里所有的客人都听见了。女孩的脸蓦地涨得通红，把正准备戴到自己那白皙漂亮的脖子上的项链揉成一团随便放在了牛仔裤的口袋里。"来，喝酒！"女孩大声说，直到宴会结束，女孩再也没看男孩一眼。

　　不久后，一个男人闯进了女孩的生活。男人说，他什么也没有，只有钱。当他把闪闪发光的金首饰戴到女孩身上时，同时也俘虏了女孩那颗爱慕虚荣的心，他们很快便在一起了。起初，男人对女孩百依百顺，女孩暗暗庆幸自己选对了人。对于女孩来说，那真是一段幸福的日子。

　　但是好景不长，在女孩发现自己怀孕了的同时，也发现男人失踪了。当房东再一次来催她缴房租时，她只得走进了当铺，把自己所有的金首饰摆在了柜台上。老板眯着眼睛看了一眼说："你拿这么多镀金首饰来干什么？"女孩一下子愣住了。接着老板的眼睛一亮，扒开一堆首饰，拿出最下面的那条项链说："嗯，这倒是一条真金项链，值一点钱。"女孩一看，这不正是男孩送她的那条假金项链吗？当铺老板把玩着那条心形的项链问："喂，你打算当多少钱？"女孩忽然一把夺过那条项链跑了。

可见，虚荣是人生的一记暗伤。轻者累及一时，重者痛苦一生。太爱慕虚荣，不是自己为自己增光，而是自己给自己添累。

在虚荣心的驱使下，人往往只追求面子上的好看，不顾现实的条件，最后造成危害。因此，虚荣心是要不得的，应当把它克服掉。

做人起码要诚实、正直，绝不能为了一时的心理满足，不惜用人格来换取。只有把握住自尊与自重，才不至于在外界的干扰下失去人格。

其实，一个人的需要应当与自己的现实情况相符合，否则，在条件不具备的情况下，为了达到自尊心的满足就产生了虚荣心。因此，有的人说虚荣心是一种歪曲了的自尊心，也是有一定道理的。

爱慕虚荣的查理夫妇一直都向往一种自命不凡、高人一等的生活方式。

这天，夫妇二人去参加一个上流社会人士举办的酒会，在漫无边际的闲聊中，话题转到了莫扎特。

"一个绝对的音乐天才！才华横溢，无人能及！"有人简练地评价道。

加入这种对名人品头论足、阳春白雪的讨论是查理夫人一生的梦想。于是，她不失时机却又故作轻描淡写地说道："噢，莫扎特，我非常同意您的见解，我喜欢他这个人，也许你们不敢相信，今天早晨我还在21路车站和他聊了几句，他正要去音乐厅客串一场演出，上车之前他还礼貌地向我道了别，真是一个非常懂礼节的人。"

查理夫人的话音一落，周围便顿时安静了下来，大家都轻蔑地看着她。

查理觉得自己蒙受了巨大的耻辱，他走到查理夫人面前，略带愠怒地耳语道："我们现在就走，快穿上你的外套，我们得赶快离开。"

驾车回家途中，查理一言不发。

"查理，你是不是生气了？"查理夫人打破沉默。

"噢，是吗？你终于注意到了？"查理用嘲讽的口吻说，"你今天让我丢尽了面子！你看见莫扎特坐21路车去音乐厅了？你这个自以为是的傻瓜！谁都知道21路车根本就不路过音乐厅！"

有时，人们为了自己可怜的虚荣心，通过炫耀、显示、卖弄等不恰当的手段来获取荣誉与地位，但结果往往是弄巧成拙。

虚荣心很强的人往往是华而不实的浮躁之人。法国哲学家柏格森说："一切恶行都围绕虚荣心而生，都不过是满足虚荣心的手段。"他的话虽然未必全对，但至少反映了相当一部分生活的真实。过度追求虚荣给人带来的麻烦和苦恼是有目共睹的，所以，我们一定不要成为虚荣的奴隶。

那么，我们应该如何拔掉心底的"虚荣木桩"呢?

1．树立正确的人生观。一个人的价值如何，不在于他的自我感觉，而在于他行为的社会意义。一个人只要树立正确的人生观，具有远大的人生目标，就不会为一般的荣誉、地位和一时的虚荣所缠绕，而是为更高的价值努力奉献。

2．克服自私心理和自我表现欲。虚荣的人过于关注自己的面子和荣誉，很少考虑别人的感受和评价，有较强的自我表现欲。只要能给自己带来表现的机会，他们都不会放过。争强好胜，不计后果，这是一种个人主义自私心理的表现。所以，要克服虚荣心，就要克服个人主义的自私心理和自我表现欲。

3．不攀比心理。横向地去跟他人比较，心理永远都无法平衡，会促使虚荣心越发强烈，一定要比，就跟自己的过去比，看看各方面有没有进步。

4．正确对待舆论。我们生活在社会这个大群体之中，总免不了要被别人品头论足。但对于舆论，我们要提高辨别是非的能力，对于正确的应当接受，对于不正确的要给予纠正或分析判断，决不可凡事人云亦云，被舆论左右。

5．学习良好的社会榜样。从名人传记、名人名言中，从现实生活中，选择那些脚踏实地、不图虚名、努力进取的进步领袖、英雄人物、社会名流、学术专家等作为榜样，努力完善人格，做一个"实事求是、不自以为是"的人。

幽默一点，笑对生活

人生路上，总会有些不如意，总会有些无奈。而幽默这种特殊的情绪表现，可以淡化人的消极情绪，消除沮丧和痛苦，让我们寻回理想和自信，让我们脱离尴尬的窘境，让我们的身心在沉重的压力下得到放松和休息。尤其是当面对失败、面对挫折、面对生活中的种种不幸时，若能以幽默的态度一笑置之，生活就会变得轻松许多。

美国第26任总统西奥多·罗斯福是一位幽默乐观的人。有一次，他家遭窃了，朋友闻讯后，就写了一封长信加以安慰。

在给朋友的回信中，他这样写道："谢谢你来信安慰我，我现在很平静，无所谓悲伤，因为没有让我伤心的理由：第一，贼偷去的是我的东西，而没有偷去我的生命；第二，贼只是偷去了我一部分东西，而不是全部；第三，最值得庆幸的是，做贼的是他，而不是我。所以，我更应该感谢上帝！"

真正懂得幽默乐趣的人，就如同故事中的罗斯福总统，抱着乐观的生活态度去发现幽默、发现幸福，这样我们必然能生活在欢声笑语当中。

在不顺心的生活中，幽默能帮助你排解愁苦、减轻生活重负。用幽默的态度对待生活，你就不会总是愤世嫉俗、牢骚满腹。

具有幽默感的人，生活充满情趣，许多看来令人痛苦、烦恼之事，他们却应付得轻松自如，使生命重新变得趣味盎然。

有一家住户的水管漏水，院子里已经流满了水。修理工答应马上就来，结果等了大半天才见到他的身影，他懒洋洋地问住户："太太，现在情况如何啦？"

主人说："还好，在等你的时候，孩子已学会游泳了。"

这位女主人的说法虽然过于夸张，但对幽默的巧妙运用淡化了她对修理工的不满情绪。

懂得幽默的人，总是善于用豁达乐观的态度看待人生。他们总能用轻松的心情来看待严苛的事情，以乐观的态度面对悲观的事情。

有一对清贫的老夫妇，他们想把家中唯一值点钱的一匹马拉到市场上去换点有用的东西。老头牵着马去赶集了，他先与人换得一头母牛，又用母牛去换了一只羊，再用羊换来一只肥鹅，又把鹅换了母鸡，最后用母鸡换了别人的一口袋烂苹果。

在每次交换中，他都想给老伴一个惊喜。

当他扛着大袋子来到一家小酒店歇息时，遇上两个美国人。闲聊中他谈了自己赶集的经过，两个美国人听后哈哈大笑，说他回去准得挨老婆子一顿揍。老头子坚称绝对不会，美国人就用一袋金币打赌，三个人于是一起回到老头子家中。

老太婆见老头子回来了，非常高兴，她兴奋地听着老头子讲赶集的经过。每当老头子讲到用一种东西换了另一种东西时，她都充满了对老头的钦佩。

她嘴里不时地说着："哦，我们有牛奶了！"

"哦，羊奶也同样好喝！"

"哦，鹅毛多漂亮！"

"哦，我们有鸡蛋吃了！"

最后听到老头子背回一袋已经开始腐烂的苹果时，她同样不愠不恼，大声说："我们今晚就可以吃到苹果馅饼了。"

结果，美国人输掉了一袋金币。

这就是乐观，这就是幸福。如果我们像故事中的那位老太婆一样，抱着这种乐观的生活态度，去发现幽默、发现幸福，我们必然能生活在欢声笑语中。

人生有许多无奈，生活中的诸事，岂能尽如人意？但幽默却能让你"笑看天下古今愁，了却人间许多事。"一个有幽默感的人，就应该有乐观豁达、谈笑风生的性格，能够"笑看天下古今愁"。

一天早上，杰瑞被3个持枪的强盗拦住了。刚刚加入强盗行列的小伙子因为紧张而受了惊吓，对他开了枪。幸运的是，杰瑞被发现得较早，被送进了急诊室。杰瑞从医护人员的表情中，得知了情况的危急。有个身强力壮的护士大声问他对什么东西过敏。杰瑞马上答："有的。"这时，所有的医生、护士都停下来等着他说下去。此时，杰瑞深深地吸了一口气，然后大声吼道："子弹！"手术室里的人全被杰瑞幽默的语言逗乐了，经过18个小时的抢救和几个星期的精心照料，杰瑞出院了。所有照顾过他的医生和护士都对他的幽默念念不忘，因为在那样的场合，实在很难有人能做到如此镇定。

身处在困境中，乐观幽默总是能鼓舞人的士气，让人对未来充满信心。

幽默和乐观是一对朋友，很难想象一个成天愁眉苦脸、忧心忡忡的人会有出色的幽默感。幽默体现着一种人生的智慧，体现着乐观积极的处世方式和豁达的人生态度。有位哲人说过："幽默是我们最亲爱的伙伴。我们的生活需要幽默，我们的人生需要幽默，一个健全的社会更不能没有幽默。没有了幽默，生活将会变得单调而缺乏色彩，岁月将会变得枯寂、干涸。幽默给予我们的是源源不断的甘泉，它滋养着我们的心灵，润饰着我们的生活。幽默使我们在黑暗中看到光明，在绝境中看到希望。它是寒冬里的一盆炉火，它是窘迫时的一个笑容……幽默美妙而又神奇。"

美国哲学家乔治·桑塔亚那选定4月的某天结束他在哈佛大学的教学生涯。那一天，乔治在礼堂讲最后一课的时候，一只美丽的知更鸟停在窗台上，不停地欢叫着。许久，他转向听众，轻轻地说："对不起，诸位，失陪了，我与春天有个约会。"讲完便急步走了。

这句美好的结束语，具有相当的幽默感，充满了诗意。不热爱生活的人，是无论如何也说不出这种富有哲理的幽默言语的。

老舍说"幽默是一种心态"。的确，幽默不单是一种技巧，更是一种生活态度。幽默不单单是能引人发笑，而且能带给人们一种心理上的轻松和快慰。不懂幽默的人，很难懂得调节情绪的方法，从而导致其所遇到的困难会更多，其情绪也更容易消沉。面对困难重重的人生，我们应该训练和培养自己的幽默感，从而告别郁闷的人生。

远离猜疑，才会有健康的情绪

人在社会生活中与别人相互交往，由于自身的或外在的原因，很有可能对人产生猜疑。它好似一条无形的绳索，会捆绑我们的思路，使我们远离安全感。如果猜疑心过重的话，就会因一些可能根本没有或不会发生的事而忧愁烦恼、郁郁寡欢。猜疑心重者常常嫉妒心重，比较狭隘，因而不能更好地与人交流，其结果可能是无法结交到朋友，变得孤独寂寞，对身心健康都有危害。

在美国阿拉斯加，有一对年轻的夫妇，妻子在生育时因难产而死，遗留下一个可怜的孩子。男人平时忙于工作，无暇照顾孩子，就养了一只"保姆狗"。这条狗温顺乖巧，能通人性。经过一番训练，它已经可以在孩子哭时，叼来奶瓶给小孩喂奶，男人很是欣慰，就让它来帮忙照看孩子。

有一天夜里，孩子已然熟睡，男人有事临时外出，不巧出门后下起了大雨，回家的道路被大水淹没了，第二天一早他才急匆匆地赶回来。狗听到男人进门的声音，就立即摇着尾巴跑过去。可男人在打开房门时，却看到了满地的鲜血，就连墙壁上、床上也都溅满了血迹。他急着马上去找孩子，可是孩子也不见了。男人再去看狗，竟发现狗满身上下也都是血。

见到这种情况，男人的脑袋"嗡"地一下就大了，他马上怀疑到，可能是那只狗兽性大发，把他的孩子给吃掉了。想到这里，他怒气大发，一气之下就打死了那只狗。

狗死之后，眼睛里满含着泪水，他望着这只狗，突然听到了孩子的哭声，他循着哭声在床底下找到了孩子。孩子浑身是血，但是并没受伤。男人很奇怪，一时头脑有些凌乱，再看看狗的身上，才发现其腿上少了一块肉，而在床的另一边，他看到了一只狼，嘴里还咬着一块肉。原来，是那条狗救了小主人，却被主人误杀了。

这个悲剧的发生，很显然，是源于男人的怀疑导致的情绪失控。猜疑是一种可怕的主观情绪，因为猜疑会破坏人与人之间最宝贵的东西——信任，从而引起对方的反感和抵触，这就暗藏着彼此关系破裂的危险。它像一片阴暗的沼泽地，使人越陷越深，甚至失去理智。猜疑会增加思想压力，打破心理平衡，使人陷入惴惴不安之中，天长日久甚至可以导致心理崩溃。

猜疑是人际关系的蛀虫，既损害正常的人际交往，又影响个人的身心健康。自古以来不知有多少人因为猜疑疏远了朋友，甚至毁掉事业。

范增是项羽的得力谋士，许多次，刘邦的计谋都被他识破，刘邦要打败项羽，首先想到的就是除掉范增，在陈平的协助下，刘邦导演了一次反间计。当楚汉两军在荥阳相持不下时，项羽为了打击刘邦，便借议和为名，遣使入汉，顺便探察汉军的虚实。陈平听说楚使要来，正中下怀，便和刘邦布好圈套，专等楚使上钩。

楚使进入荥阳城后，陈平将楚使引入会馆，留他参加午宴。两人静坐片刻，一班仆役将美酒佳肴摆好，陈平问道："范亚父（范增）可好？是否带有亚父手书？"楚使一愣，突然明白了是怎么回事，正色道："我是受楚王之命，前来议和的，并非亚父所派遣。"

陈平听了，故意装作十分惊慌的样子，立即掩饰说："刚才说的是戏言，原来是项王使臣！"说完，起身外出，楚使正想用餐，不料一班仆役进来，将满案的美食全部抬出，换上了一桌粗食淡饭，楚使见了，不由怒气上冲，当即拍案而起，不辞而别。

一到楚营，楚使立即去见项羽，将自己的所见所闻添油加醋地告诉了项羽，并特别提醒项王，范增私通汉王，要时刻注意提防。

其实，陈平的反间并不高明，如果稍微考虑一下，就不难找出其中的破绽，只是项羽寡断多疑，加之性格刚愎自用，自然也就不会想到这些。

项羽听后，怒道："前日我已听到关于他的传闻，今日看来，这老匹夫果然私通刘邦。"当即就想派人将范增拿来问罪，还是左右替范增劝解，项羽这才暂时忍住，但对范增已不再信任。

范增一直对项羽忠心耿耿，他心无二用，对此事一无所知，一心协助项羽打败刘邦。他见项羽为了议和，又放松了攻城，便找到项羽，劝他加紧攻城。项羽不禁怒道："你叫我迅速攻破荥阳，恐怕荥阳未下，我的头颅就要搬家了！"范增见项羽无端发怒，一时摸不着头脑，但他知道项羽生性多疑而刚愎，不知又听到了什么流言，对自己也产生了戒心。

范增想起自己对项羽忠心耿耿，一心助楚灭汉，他不仅不听自己的忠言，反而怀疑自己，十分伤心。他再也耐不住了，便向项羽说道："现在天下事已定，望大王好自为之。臣已年老体迈，望大王赐臣骸骨，归葬故土。"说完，转身走出。项羽也不加挽留，任他自去。

范增悲伤地离开了项羽。在归途中，他想到楚国江山，日后定归刘邦，又气又急，不久背上生起一个恶疮，因途中难寻良医，又兼旅途劳累，年岁已长，几天后背疮突然爆裂，血流不止，死在驿舍中。

项羽之所以失去了一个得力的谋士，就是吃了猜疑的亏，猜疑实在是害己又殃人。

培根曾说过："猜疑之心犹如蝙蝠，它总是在黄昏中起飞。这种心情是迷惑人的，又是乱人心智的。它能使你陷入迷惘、混淆敌友，从而破坏你的事业。"一个人一旦掉进猜疑的陷阱，必定处处神经过敏，事事捕风捉影，对他人失去信任，对自己也同样心生疑窦，损害正常的人际关系。因此，在生活和工作中，我们要减少猜疑，学会信任别人。少一份猜疑，多一份信任，成功的道路就会在你的脚下。

告别厌倦，发现工作的乐趣

有位哲人说过："爬山的时候，别忘了欣赏周围的风景。假如工作的目的是为了挣钱，挣钱的目的是为了投资，投资的目的是为了挣得更多的钱，人就会在爬山的路上只顾低头爬山，完全忘记生活的目的，就享受不到生命带给自己的快乐。"

诚然，人的一生离不开工作，而且大部分时间都需要在工作中度过。工作不仅仅是为了满足我们生存的需要，同时也是实现个人人生价值的需要，不要把工作只看成是一种谋生手段，而应该把工作当成一种乐趣，这样你才能为工作投入，甚至为它痴迷，这时所有的困难都会变得轻松起来，因为工作已经成为一种快乐和享受，它为我们的生命增添光彩。

有这样一个故事：

在南方的一座小城里，住着一对夫妻。男的有一家自己的私人企业，生意红火。由于工作繁忙，他很少在家。孩子在外地读书，半年才回家一次。

女人一个人在家里，终日无所事事，日子过得很不快乐。

男人想让她快乐起来，就对她说："你去亲戚朋友家串串门吧，跟他们聊聊天、打打麻将，你会开心的。"女人照做了，但是依然不开心。

有一天，女人对男人说："我想在家的附近开间花店，这里还没有人开，一定能赚钱。"男人同意了。

不久，花店开张了。女人每天去打理花店的生意，她变得忙碌起来了。光顾花店的人很多，女人干得很开心。可是过了几个月，男人算了一笔账，发现女人根本不是经商的材料，因为她经营的花店不但不赚钱，倒赔进去不少。

有人问这个男人："你老婆的那间花店还开吗？"他说："还开。""是赔是赚？"他说："赚。""赚多少？"他笑而不答。经再三追问，他才悄悄告诉那人："钱是一分没赚到，赚的是快乐。"

生活的乐趣，恰恰有很多是从工作中得到的。事实上，工作不只是赚钱，更重要的意义在于，从工作中可以得到自我肯定与生活的乐趣。

美国的石油大王洛克菲勒在给儿子写的一封信中告诫儿子："如果你把工作看成一种乐趣，人生就是天堂；如果你把工作当成一种义务，人生就是地狱。"这是一种积极的人生观，相信每个人看了都会从中受益。

有位美国记者到墨西哥的一个部落采访，正赶上一个集市交易的日子，当地居民都拿着自己的物产到集市上交易。这位记者看到一个老太太在卖柠檬，5美分一个。老太太的生意显然不太好，一上午也没卖出去几个。这位记者动了恻隐之心，于是他打算买下老太太的全部柠檬，以便她能早点回家。当他把自己的想法告诉老太太的时候，老太太的话却让他大吃一惊："都卖给你？我下午干什么？"

显然，老太太非常喜欢卖柠檬这项工作，把卖柠檬当成了一种生活乐趣，而不仅仅是谋生的手段，所以她在享受工作，享受属于自己的快乐。

当你把工作当成一种乐趣，工作就会带给你快乐。一个人是否快乐，取决于他对人、事、物的看法如何，所以一个人的幸福并不在于他从事了什么工作，而在于他是否从这份工作中找到真正的快乐，一份来自灵魂深处的快乐。

许多时候，工作中不是没有乐趣，而是缺少发现乐趣、感受乐趣的心！乐趣源于自己在工作中的真诚投入，在投入中贡献着力量、实现着价值，这种投入不仅仅是一种热情，更是一种实实在在的行动。

无论生活还是工作，从中寻找到乐趣，体会生活和工作的快乐，才是最重要的。否则，生活和工作对你来说就是一种折磨。

以平常心处世，人生何处无春风

有这样一个小故事：

有个信徒问慧海禅师："您是有名的禅师，可有什么与众不同的地方？”

慧海禅师答道：“有。”

信徒问道：“是什么呢？”

慧海禅师答道：“我感觉饿的时候就吃饭，感觉疲倦的时候就睡觉。”

“这算什么与众不同的地方，每个人都是这样的，有什么区别呢？”

慧海禅师答道：“当然是不一样的！”

“为什么不一样呢？”信徒问道。

慧海禅师说道：“他们吃饭的时候总是想着别的事情，不专心吃饭；他们睡觉时也总是做梦，睡不安稳。而我吃饭就是吃饭，什么也不想；我睡觉的时候从来不做梦，所以睡得安稳。这就是我与众不同的地方。”

慧海禅师继续说道：“世人很难做到一心一用，他们在利害中穿梭，囿于浮华的宠辱，产生了‘种种思量’和‘千般妄想’。他们在生命的表层停留不前，这是他们生命中最大的障碍，他们因此而迷失了自己，丧失了‘平常心’。要知道，只有将心灵融入世界，用心去感受生命，才能找到生命的真谛。”

故事中所谓的平常心，就是指我们在日常生活中对于周围所发生的事情的一种心态。平常心，不过是普通人的平凡心态而已，说穿了即是吃饭好好吃，睡觉好好睡，做事当认真，为人不计较。当然，不能说无论什么样的心态都属于平常心，或者说任何一个人都具备平常心。平常心应该是一种“常态”，是具备一定修养才能经常持有的，因为它属于一种维系终身的处世哲学。

　　从前，有一个学僧到法堂请示禅师道："我常常打坐，时时念经，早起早睡，心无杂念。我想在您座下没有一个人比我更用功了，可为什么还是无法开悟？"

　　禅师拿了一个葫芦，一块盐，交给学僧说："你去将葫芦装满水，再把盐倒进去，使它立刻溶化，你就会开悟了！"

　　学僧遵照指示去做，没多久，跑回来说道："我把盐块装进葫芦，可它老不化；葫芦口太小了，伸进筷子也搅不动。我还是无法开悟。"

　　禅师拿过葫芦倒掉了一些水，然后只摇晃几下，盐块就溶化了。禅师慈祥地说道："一天到晚用功，不留一些平常心，就如同装满水的葫芦，摇不动，搅不得，如何化盐，又如何开悟？"

　　学僧不解地问："难道不用功可以开悟吗？"

　　禅师仍耐心地解释说："修行如弹琴，弦太紧会崩断，弦太松弹不出声音。时刻保持着平常心，才是悟道之本。"

　　学僧终于领悟了其中的道理。

　　保持一颗平常心，实质上也就是让外在的世界和内心世界保持一种平衡。有了这种平衡，人会少些焦虑，少些浮躁，多一份安适，多一份恬谧。心似一泓碧水，清澈明亮，继而胸襟为之开阔。

　　人的平常心并不是与生俱来的，它是经历磨难、挫折后的一种心灵的感悟，一种精神的升华。一个人有了平常心态，就会没有嫉妒，没有猜疑，没有怨恨，没有恐惧；就会对生活感到欢悦，情绪稳定，看山是山，看水是水；就会生死无忧，顺其自然，进退从容，得失如一，永无烦恼。

平常心不是"看破红尘"，不是消极遁世，而是一种恬淡洒脱、气定神闲的心态。不以物喜，不以己悲，无时不乐，无时无忧。拥有一颗平常的心，我们就能淡然地面对金钱与权势，泰然地面对成功与失败，坦然地面对风光与平凡，畅然地面对现实与理想，悠然地享受生活给予我们的分分秒秒、点点滴滴。

有一位禅师有三个弟子，有一天，师父问三人："门前有两棵树，荣一棵，枯一棵，你们说是枯的好、还是荣的好？"大徒弟说："荣的好。"二徒弟说："枯的好。"三徒弟说："枯也由它，荣也由它。"

的确，无论你选择前两者中的哪一种心态，都会产生得失之心，因受外境影响而或喜或悲；如以一颗平常心来看待，枯也由它，荣也由它，则无论世事如何变迁，皆可泰然处之。所以说，以平常心观不平常事，则事事平常。

平常心是一种境界，平常心是积极人生，平常心是道。人生中，有很多事情是我们所不能改变的，我们能改变的只有自己的心态，我们需要保持一颗平常心。如果我们不用一颗平常的心去看待生活，去对待工作，那么生活和工作就会有无尽的烦恼。相反，如果我们能够保持轻松平和的心态，就能不被物欲束缚住心灵、不被狭隘遮住视线，妥善处理方方面面的关系，更好地干事业，实现自己的人生价值。

凡事都要想开点，别总和自己过不去

晚年的马克·吐温曾经感叹道："我的一生大多数时候在忧虑一些从未发生过的事，没有任何行为比无中生有的忧愁更愚蠢了。"生活原本是美好的，人们爱钻牛角尖的毛病却让它变得暗淡无光。其实，人最大的敌人是自己，要想摆脱坏脾气、创造好的心情，首先得"摆平"自己，凡事都要想开点，千万别跟自己过不去。

于娜是个在国外留学的女生，有一次，她参加一个冬令营，其成员都是大学生。大家围在营火旁聊天，于娜发现自己的见识、观察和表达能力，都比其他学生差，她觉得自己不适合和她们在一起交流，于是就躲到一边看书去了。当有人问她以前念哪个学校时，她讲不出口，就神秘地说："你猜。"没想到那个人说："肯定也不是什么好学校！"这让她的自尊心更受打击。

当别的女孩正在尽情享受青春年华时，她却总是跟自己过不去，整天闷闷不乐，和同龄的人也离得很远。她的这种异常被老师发现了，在一次师生交流会上，老师单独和她聊了起来。

"你知道吗？你是个很出色的女孩，你到学校来的时候，你的英文成绩是最棒的，可是为什么现在下降了呢？

是因为你不愿意交流，我很少看见你和同学们说话。"老师说。

于娜就把自己的心事跟老师和盘托出了："因为我觉得她们很排斥我，我是个二流大学出来的学生，只是因为英语还可以才被送来留学的，她们自然瞧不起我。"

"你想多了，同学们没有这样的想法，你不要认为自己不如人，你是个优秀的中国女孩，放下你心里的包袱，不要跟自己过不去。"

晚上回去，她想了很久，她觉得老师说的的确也对，跟自己过不去不仅会让自己不开心，而且课程也学不好，何必呢？

从那以后，她就变得开朗多了，人也自信多了。后来有个女生对她说："你这么棒，肯定是从名牌大学来的吧？"她笑了笑。

几年以后，她以优异的成绩毕业并归国。

很多时候，是我们自己放大了烦恼，一味地跟自己较劲。"走自己的路，让别人说去吧。"许多人都懂得这个道理，但如果真的发生在自己身上时，有的人马上就慌了手脚，情绪变得异常焦躁，整个人完全丧失了理智。本来是一件小事，也许你不去想，或是当作和自己没关系，事情可能很快就会过去。而有的人却偏偏和自己过不去，每天都生活在别人的口舌中，到最后，可能事情越来越糟，难以收场。

其实，我们大可以活得轻松一些，顺其自然，无须为生活拴上太多的铁链。做人何必考虑那么多呢？跟自己过不去只会让自己不开心，对自己好一点，善待遇到的麻烦事，看得透，想得开，胸怀宽广，一切都会好起来的。

张莉是一个命运多舛的女人，经历了很多常人难以想象的灾难——唐山大地震、父母双亡……

很多人都觉得，张莉将会在痛苦的情绪中无法自拔。然而事实上，张莉却表现得极其坚强。懂事的张莉从小读书就很勤奋，她以优异的成绩考取了北京的一所高校。

然而，灾难并没有因此远离她。就在她进入工作岗位的第二年，在体检时查出患有严重的静脉曲张，不适合当前的柜台销售工作，于是不得不辞职离开公司。但张莉并没有倒下，她边打零工边攒钱治病。三年过去了，张莉因为出色的工作能力，又获得了一个大企业的认同，因此得到了一份让人羡慕的工作。

朋友和家人都很惊讶，为什么张莉能做到这些？张莉说："这些灾难，当然也对我产生了负面影响。可是当我难过过后，我就会对自己说：没什么过不去的。我能从大地震中幸存，就说明了上天对我很眷顾，想看到我积极的一面。所以，我为什么要活在悲伤中不可自拔？我不能辜负上天对我的厚待！"

多么好的心态啊！别和自己过不去，因为一切都会过去，再难的事情也会有解决的办法，如果一味地沉浸在烦恼之中不能自拔，换来的只能是责备和抱怨世事的不公。所以说，与其这样总和自己过不去，让自己在委屈和消极中饱受煎熬，还不如调整好自己的心态，开心每一天，快乐每一天，幸福每一天，何乐而不为呢？

其实，生活中，只要我们不跟自己过不去，没有人会跟我们过不去。苦恼总是有的，有时人生的苦恼，不在于自己获得多少、拥有多少，而是因为自己想得到的更多。人有时想得到更多，而自己的能力很难达到，所以我们便感到失望和不满。然后，我们自己折磨自己，说自己"太笨""不争气"等，就这样经常跟自己过不去，与自己较劲。

要想有一个好的心情，首先得接纳自己，别跟自己过不去，这是心灵的解脱。从容地走自己选择的路，做自己喜欢的事，学会原谅自己、善待自己。没事的时候听点音乐，放松自己；烦躁的时候做点运动，放松自己；得意的时候多点平静，修炼自己；悲伤的时候学会忘记，安慰自己；痛苦的时候，来点清醒，重识自己……凡事别跟自己过不去，永远保持对生活的美好认识和执着追求，学会享受生活，你的生活才会更加丰富多彩，你的生命也会更加富有内涵！

第七章

不要纠结过去，驱散心头的乌云

没有过不去的事情，只有过不去的心情

人生没有过不去的事情，只有过不去的心情。现实生活里不可能总是艳阳天，狂风暴雨随时都有可能来临。现实是无法抗拒的，环境是无法改变的，我们永远无法控制每一件事情，事情无法改变，但是我们可以改变面对事情的心情，让心情去适应事情，让事情因为好的心情而朝有利于自己的方向发展。

第二次世界大战期间，娜塔莉女士收到了一份电报，她的侄子在战场上牺牲了。自从知道这个事实后，娜塔莉整日都生活在低落的情绪中，她完全没有心思做任何事情。不久后，她决定放弃工作，远离家乡，把自己永远藏在孤独和眼泪之中。

准备辞职前，娜塔莉清理了她的东西，忽然发现了一封早年的信，那是她侄儿在她母亲去世时写给娜塔莉的。信上这样写道：我知道你会撑过去。我永远不会忘记你曾教导我的：不论在哪里，都要勇敢地面对生活。我永远记着你的微笑，像勇者那样，能够承受一切的微笑。

娜塔莉哭了，她一遍又一遍地读着这封信，似乎侄儿就在她身边，用一双炽热的眼睛望着她：你为什么不照你教导我的去做？

一番沉思后，娜塔莉决定不再辞职，而是要将悲伤的记忆永远封存在心底，将之前低落的情绪清理干净。她一再对自己说：我不应该活在悲伤的情绪中，我要继续生活，因为事情已经是这样了，我没有能力改变它，但我有能力继续生活下去。

面对已经发生的事情，我们不可能改变，但是我们却可以改变自己的心境，改变自己对事物的看法，给予其正面的意义。一旦我们的心境发生改变，那么你对整个事情的感受也改变了。虽然我们无法改变人生，但我们可以改变人生观；虽然我们无法改变环境，但是我们可以改变心境。虽然我们无法调整环境来完全适应自己的生活，但我们可以调整态度来适应一切的环境。

大音乐家贝多芬曾说过："你的生活并非全数由生命所发生的事情来决定，而是由你自己面对生命的态度，以及你的心灵看待事情的态度来决定。"生活中，不论遭遇怎样的逆境或磨难，只要你都以积极的心态面对，就会发现，生活里原来到处都可以充满阳光。

曾有位刚毕业的大学生，即将到最艰苦也是最危险的军队去服役。这位年轻人自从获悉自己被军队选中的消息后，便显得忧心忡忡。在大学任教的祖父见到孙子一副魂不守舍的模样，便开导他说："孩子啊，这没什么好担心的。到了军队，你将有两个机会，一个是留在内勤部门，一个是分配到外勤部门。如果你分配到了内勤部门，就完全用不着去担惊受怕了。"年轻人问祖父："那要是我被分配到了外勤部门呢？"祖父说："那同样会有两个机会，一个是留在国内本土，另一个是分配到国外。如果你被分配在国内本土，那又有什么好担心的？"年轻人问："那么，若是被分配到了国外呢？"祖父说："那也还有两个机会，一是被分配到和平的地区，另一个是被分配到维和地区。如果你分配到和平地区，那也是件值得庆幸的好事。"年轻人问："那要是我不幸被分配到维和地区呢？"祖父说："那同样还有两个机会，一个是安全归来，另一个是不幸负伤。如果你能够安全归来，那担心岂不多余？"年轻人问："那要是不幸负伤了呢？"祖父说："你同样拥有两个机会，一个是依然能够保全性命，另一个是救治无效。如果尚能保全性命，还担心它干什么呢？"年轻人再问："那要是救治无效怎么办？"祖父说："还是有两个机会，一个是作为英雄而死，一个是躲在后面却不幸遇难。你当然会选择前者，既然会成为英雄，有什么好担心的！"

　　境由心造。人生充满了选择，而生活的态度就是一切。相同的世界在不同的人眼中是不同的，有时看法甚至是截然相反的。心态不同，人对同样事物的认识就不同。你用什么样的态度对待你的人生，生活就会以什么样的态度来待你。你消极悲观，生命便会暗淡；你积极向上，生活就会给你许多快乐。

　　人生之路就是一条曲折之路，当被绊倒时，你应打开心灵的另一扇窗，以一种积极、乐观的态度去站在人生道路的最前沿，以另一种角度看生活。当你改变了心境，你会发现，生活原来如此美好，你始终生活在一个充满希望、充满未来的广阔天地中。

总之，只要你能积极乐观，就能自在地享受人生的美妙。

心里装满了阳光，就不会惧怕严寒

这个世界就像个多棱镜一般，这一面是不幸，另一面可能就是幸运，如果能以一颗乐观的心态去对待，不幸就可以转化为幸运。世间事都在自己的一念之间。我们的想法可以想到天堂，也可以想到地狱。生活里，只要我们学会坦然面对不愉快的事，抱着一种乐观的态度，那么好运就会涌向你。

莎拉·班哈特可以说是最懂得如何适应不可改变的事实的女性。50年来，她一直是歌剧院独一无二的"皇后"，是全世界最受喜爱的女演员之一。可是在她71岁那一年，她破产了，所有的钱都没有了，而她的医生——巴黎的波兹教授还告诉她一个更加不幸的消息：她必须把腿锯掉。她在横渡大西洋时遇到了暴风雨，滑倒在甲板上，腿受了重伤，得了静脉炎和痉挛，医生觉得必须锯掉她的腿。

医生害怕将这个坏消息告诉脾气很坏的莎拉，他认为这个可怕的消息一定会让莎拉大为恼火。可是他错了，莎拉只是看了他一会儿，然后平静地说："如果非这样不可，也只好这样了。"这就是命运。

当她被推进手术室时，她的儿子站在一边哭泣。她却朝他挥了挥手，开心地说："不要走开，我马上回来。"

在去手术室的路上，莎拉一直在背她演过的一场戏中的一幕。有人问她是不是在给自己鼓气，她说："不是，我是想让医生和护士们高兴，这样他们就不会紧张了。"

手术恢复后，莎拉继续环游世界，观众又为她着迷了7年。

莎拉面对不幸，没有怨恨，没有自卑，只有对生活的感激——感激命运给予她不公平的同时，生活恰如其分地填补了这份缺陷，赐予她一颗乐观豁达的心。

其实，"好"和"坏"是可以相互转化的，面对不开心和不顺利，从另一个角度看待，真心地感激生活所赐给你的一切，不要总被抱怨占满了你的内心，就会有意想不到的收获。

生活中，每个人都会遇到挫折，有时有些挫折一时难以克服。面对挫折，有的人会不战而败，捶胸顿足，怨天尤人，这样的人永远也无法走出困境。真正的成大事者，则会满怀希望，即便是面临重重困境，也能找到生活中闪烁着的希望之光。

那时辛蒂还在念大学，一次她到山上散步，无意中带回了一些蚜虫，那些蚜虫趴在她的皮肤上，她拿起杀虫剂喷蚜虫，结果，这种极其错误的处理方式导致她身体突然一阵痉挛，刚开始她并没有在意，以为那只是暂时的症状，没想到自己的后半生从此变为一场噩梦。

后来检查发现，辛蒂的免疫系统遭到这种杀虫剂内所含的某种化学物质的破坏，从那之后，她对香水、洗发水以及日常生活中接触的几乎一切化学物质一律过敏，连空气也可能使她的支气管发炎。这种病被称为多重化学物质过敏症，是一种奇怪的慢性病。

患病后，辛蒂一直流口水，尿液变成绿色，连汗水都有毒，背部因为汗水的侵蚀形成了一块块疤痕。她甚至不能睡在经过防火处理的床垫上，否则就会引发心悸和四肢抽搐——辛蒂所承受的痛苦是令人难以想象的。

为了缓解辛蒂的痛苦，她的丈夫吉姆用钢和玻璃为她在美国艾奥瓦州的一座山丘上，盖了一所无毒房间，一个足以逃避所有威胁的"世外桃源"。辛蒂需要依靠人工灌注的氧气生存，只能吃、喝那些不含任何人造化学成分的食品，平时只能喝蒸馏水。

不能出去，辛蒂无法享受正常人所享受的一切。她饱尝孤独之苦，更可怕的是，无论怎样难受，她都不能哭泣，因为她的眼泪跟汗液一样也含有毒的物质。

但辛蒂是坚强的，她并没有在痛苦中自暴自弃，她一直在为自己，同时更为所有化学污染物的受害者争取权益。为了给那些致力于此类病症研究的人士提供一个专业交流平台，辛蒂生病后的第二年就创立了"环境接触研究网"。后来辛蒂又与另一组织合作，创建了"化学物质伤害资讯网"。

其实，辛蒂也曾悲伤、痛不欲生过，但随着时间的推移，她渐渐改变了生活的态度，她说："在这寂静的世界里，我感到很充实。因为我不能流泪，所以我选择了微笑。"

只有心里有阳光的人，才能感受到现实的阳光，如果连自己都苦着脸，那生活如何美好？生活始终是一面镜子，照到的是我们的影像，当我们哭泣时，生活在哭泣，当我们微笑时，生活也在微笑。正如丰子恺所说："你若爱，生活哪里都有爱；你若恨，生活哪里都可恨；你若感恩，处处可感恩；你若成长，事事可成长。不是世界选择了你，是你选择了这个世界。"

任何事情都有两面，抱着积极的心态去看，你收获的可能就是开心，抱着消极的态度，你看到的或许永远只是悲伤的一面。心里装满了阳光，就不会惧怕寒冷的冬天。

有位外地来的客人进入餐厅后，想了解一下明天的天气情况，以便安排自己下一步的工作，他就问服务生："明天天气怎么样？"

出乎他意料的是，那位服务生肯定地说："会是我喜欢的天气。"

客人非常不解地问："你怎么知道会是你喜欢的天气？"

服务生回答这位客人："天气不是我所能改变的，但心情是可以改变的。所以，与其关心明天到底是风还是雨，倒不如调整我的心情。只要天气是我喜欢的，那么我就会以愉悦的心情开始一天的工作。"

的确，对于无法改变的事，我们不妨坦然面对；对于结局不定的事，我们不妨往好处想。不要总把乌云罩在脸上，不要总把牢骚挂在嘴边，只有让自己保持乐观、保持积极，才能多一些愉快，少一些烦恼。

学会遗忘，直面未来

上天赐给我们很多宝贵的礼物，其中之一即是"遗忘"。人生的路崎岖而又坎坷，有太多的烦恼和忧伤。如果把成败得失、功名利禄、恩恩怨怨、是是非非等都牢记心中，让那些伤心和烦恼的事萦绕于脑际，就等于背上了沉重的包袱、无形的枷锁，就会活得很苦很累。如果你想永远开心，那么，请你经常换一下心情——学会遗忘，以真实的快乐去对待每一天。

心理学家柏格森说："脑子的作用不仅仅是帮助我们记忆，还有帮助我们忘却。"其用意就在于提醒人们，要不停地对自己的消极情绪进行清理和调整。事实上，对过去的痛苦，我们可以选择遗忘。只要你想生活得更加愉快，只要你要想顺利实现目标，就必须学会遗忘过去痛苦的经历。学会遗忘，你才能对过去的痛苦释然，才会放下对自己造成心理干扰的所有事情，才能更轻松地面对现在，过好每一天，并取得理想中梦寐以求的成就。

人活一世，有些东西是必须抛弃的，不管经历怎样的风雨和疼痛，人生总是要向前看的。有些记忆是不适合再带着上路的，它只会让你活得更加痛苦，增加更多心灵的负担。所以，要学会遗忘，学会让自己轻装上阵。

一艘游轮正在地中海蓝色的水面上航行，上面有许多正在度假的已婚夫妇，也有不少单身的未婚男女，他们个个兴高采烈。其中，有位开朗、和悦的单身女性，大约60来岁，正随着音乐怡然自乐。这位上了年纪的单身妇人，也曾遭受丧夫之痛，但她能把自己的哀伤抛开，毅然开始自己的新生活，展开生命的第二度春天，这是经过深思之后所做的决定。

她的丈夫曾是她生活的重心，也是她最为关爱的人，但这一切全都过去了。幸好她一直有个爱好，便是画画。她忙着作画，哀伤的情绪逐渐平息。而且由于努力作画的结果，她开创了自己的事业，使自己的经济能完全独立。

有一段时间，她很难和人群打成一片，或把自己的想法和感觉说出来，因为长久以来，丈夫一直是她的伴侣和力量。她知道自己长得并不出色，又没有万贯家财，因此在那段近乎绝望的日子里，她一再自问：如何才能使别人接纳我、需要我？

不错，才50多岁便失去了自己生活的伴侣，自然令人悲痛异常。但时间一久，这些伤痛和忧虑便会慢慢减轻乃至消失，她也将开始新的生活——从痛苦的灰烬之中建立起自己新的幸福。她曾绝望地说道："我不相信自己还会有什么幸福的日子。我已不再年轻，孩子也都长大成人，成家立业。我还有什么地方可去呢？"可怜的妇人得了严重的抑郁症，而且不知道该如何治疗这种疾病。好几年过去了，她的心情一直都没有好转。

后来，她觉得孩子们应该为她的幸福负责，因此便搬去与一个结了婚的女儿同住。但事情的结果并不如意，她和女儿都面临一种痛苦的经历，情况甚至恶化到大家翻脸成仇。这名妇人后来又搬去与儿子同住，但也好不到哪里去。

没有办法，孩子们只好共同买了一间公寓让她独住，但这更不是真正解决问题的方法。后来，她找到了自己的答案——我得使自己成为被人接纳的对象，我得把自己奉献给别人，而不是等着别人来给我什么。想清楚了这一点，她擦干眼泪，换上笑容，开始忙着画画。她也抽时间拜访亲朋好友，尽量制造欢乐的气氛，却绝不久留。

她开始成为大家欢迎的对象，不但时常有朋友邀请她吃晚餐，或参加各式各样的聚会，并且她还在社区的会所里举办画展，处处都给人留下美好的印象。

后来，她参加了这艘游轮的"地中海之旅"，在整个旅程当中，她一直是大家最喜欢接近的目标。她对每一个人都十分友善，但绝不紧缠着人不放，在旅程结束的前一个晚上，她所在的舱是全船最热闹的地方。她那自然而不造作的风格，给每个人都留下了深刻印象。从那时起，这位妇人又参加了许多类似的旅游，她知道自己必须勇敢地走进生命之流，并把自己贡献给需要她的人。她所到之处都留下友善的气氛，人人都乐意与她接近。她也终于走出了生活阴影，变成了一个开朗乐观的人，重新找回了属于她的快乐和幸福。

现实生活中，许多时候我们总是抓住痛苦不放，以至于丧失了快乐的机会。事实上，如果我们能够学会遗忘，放下痛苦，就能赢得生活的快乐。

人的一生中，不可能没有挫折和坎坷，甚至还会发生一些不幸的事情。如果不懂得遗忘，将一个个痛苦埋在心里，那么自己的心灵就天天饱受折磨和摧残，这样怎能快乐地工作和生活？人的一生像是一次长途跋涉，不停地行走，沿途会看到各种各样的风景，历经许许多多的坎坷，如果把走过去、看过去的都牢记心上，就会给自己增加很多额外的负担，还不如一路走来一路忘记，永远保持轻装上阵。过去的已经过去了，时光不可能倒流，除了记取经验教训以外，大可不必耿耿于怀。学会遗忘，有选择的遗忘，人生将更写意、洒脱，人生的旅程也能多几道亮丽的风景。

遗忘，对痛苦是解脱，对疲惫是宽慰，对自我是一种升华。如果一个人老是不能忘记任何事情，将是十分痛苦的。如果你想把事情看轻、看薄、看淡，就要学会遗忘，善于遗忘。否则，拘泥于一得一失，则心不能安，茶饭不思，身心疲惫，活得沉重而艰难。

遗忘是一种心灵的释放，让思想不被禁锢在记忆的牢笼中。在人生的旅途中，没有什么过不去的坎，如果我们善于遗忘，把不该记忆的东西统统忘掉，那就会给我们带来心境的愉快和精神的轻松。

患得患失，只会让你失去更多

人生的得与失，有的时候只在于一念之间。如果太过于计较，总是纠缠于得到和失去之间，那么你就会背上精神的枷锁，得不到半分安宁，滋生出许多烦恼；如果看开得失，你就能远离浮躁，走出情绪阴影，以后才能活得洒脱、自在。

战国时期，靠近北部边城，住着一个老人，名叫塞翁。一次，他养的一匹好马突然失踪了。邻居和亲友们听说后，都跑来安慰他。老人并不焦急，他笑了笑说："马虽然丢了，怎么知道这就不是一件好事呢？"邻居听了老人的话，心里觉得很好笑。马丢了，明明是件坏事，他却认为也许是好事，显然是自我安慰而已。

过了几天，丢失的马不仅自己返回家，还意外地带回一匹匈奴的骏马。这事轰动了全村，人们纷纷向老人祝贺。塞翁听了邻人的祝贺，反而一点高兴的样子都没有，忧虑地说："白白得了一匹好马，不一定是什么福气，也许惹出什么麻烦来。"

几天之后，老人的独生子骑着那匹好马玩，这匹马不熟悉它的新主人，乱跑乱窜，将小伙子摔下来，把腿摔瘸了。

人们听说后，又跑来安慰老人。可是老人仍然不急地说："没什么，腿摔断了却保住性命，或许是福气呢！"邻居们觉得他又在胡言乱语。他们想不出，摔断腿会带来什么福气。

不久，边境上发生了战争，很多青年人被征入伍，上了前线，伤亡了十之八九，只有老人的儿子因为身体残疾，留在家里，才侥幸活了下来。

这就是"塞翁失马，焉知非福"的故事。"祸往往与福同在，福中往往就潜伏着祸。"得到了不一定就是好事，失去了也不见得是件坏事。正确地看待个人的得失，不患得患失，才能真正有所得。

然而生活中，人总是因为失意而愤懑，因为麻烦而烦躁不安，总是纠缠于得到和失去之间，得不到半分安宁。患得患失是人们比较常见的心理问题，人生总是有得有失，这本是无可厚非的，但如何正确对待个人得失，却是我们应该深思和慎重对待的。面对得失就应当有一个豁达的态度，既不要在得到时喜不自胜，也不能在失去时悲痛欲绝。能够正视得失，对你的人生会很有帮助。

俗话说："万事有得必有失。"得与失就像小舟的两支桨、马车的两只轮，得失只在一瞬间。失去春天的葱绿，却能够得到丰硕的金秋；失去青春岁月，却能使我们走进成熟的人生……失去，本是一种痛苦，但也是一种幸福，因为失去的同时也在获得。

清朝名臣谢济世，一生四次被诬告，三次入狱，两次被罢官，一次充军，一次刑场陪斩，经历不可谓不坎坷。雍正四年（1726年），谢济世任浙江道监察御史。上任不到十天，上疏弹劾河南巡抚田文镜营私负国，贪虐不法，列举田文镜十大罪状。因田文镜深获雍正倚重、宠信，谢济世的弹劾引起雍正不快，谢济世不看皇帝脸色行事，仍然坚持弹劾。雍正认定谢济世是"听人指使，颠倒是非，扰乱国政，为国法所不容"，免去谢济世官职，下令大学士、九卿、科道会审。严刑拷打之下，虽然没有拿到证据，但仍然以"私结朋党"的罪名，拟定斩首。后改为削官谪戍边陲阿尔泰。

经过漫长艰难的跋涉，谢济世与一同流放的姚三辰、陈学海终于到达振武营，他们商量着准备去拜见将军。有人告诉他们：戍卒见将军，一跪三叩首。姚三辰、陈学海听后很是凄然，为自己一个读书人要向人行下跪磕头的大礼而难过。唯独谢济世倒像是没事似的，心情轻松，不以为意。他对自己的两个同伴说："这是戍卒见将军，又不是我见将军。"等见到将军，将军对这几个读书人很是敬重，免去了大礼，还尊称他们为先生，又是赐座，又是赏茶。出来的时候，姚三辰、陈学海很是高兴，脸上露出得意神色，谢济世倒是一脸平静。他说："这是将军对待被罢免的官员，不是将军对待我，没什么好高兴的。"两个同伴问他："那么，你是谁呀？"谢济世回答说："我自有我在。"

在谢济世眼里，没有得意，没有失意，有的是对自我的肯定，淡淡地来，淡淡地去，换来灵性的清净，以及对人生、对社会的宽容和不苛求，得到的是自己内心的宁静和有条不紊。

一位成功人士对得失有非常深刻的认识，他说："得和失是相辅相成的，任何事情都会有它的正反两个方面，也就是说凡事都在得和失之间同时存在，在你认为得到的同时，其实在另外一方面可能会有一些东西失去，而在失去的同时也可能会有一些你意想不到的收获。"

在人生的岁月中，我们都会面临无数的选择。这些选择可能会使我们的生活充满无尽的烦恼和难题，使我们不断地失去一些我们不想失去的东西。但是，同样是这些选择却又让我们在不断地获得，我们失去的也许永远无法得到补偿，但是我们得到的却是别人无法体会到的独特的人生。所以，面对得与失、顺与逆、成与败、荣与辱，要坦然待之，凡事重要的是过程，对结果要顺其自然，不必斤斤计较、耿耿于怀，否则只会让自己活得很累。

世上本无事，庸人自扰之

在生活中，人们总免不了有一些苦恼烦闷的事。有些烦恼来自外界，必须正视；而大多数困扰则源于内心，这就是所谓"自寻烦恼"。

从前在杞国，有一个胆子很小，而且有点神经质的人，他常会想到一些奇怪的问题，而让人觉得莫名其妙。有一天，他吃过晚饭以后，拿了一把大蒲扇，坐在门前乘凉，并且自言自语地说："假如有一天，天塌了下来，那该怎么办呢？我们岂不是无路可逃，而将活活地被压死，这不就太冤枉了吗？"

从此以后，他几乎每天为这个问题发愁、烦恼，朋友见他终日精神恍惚、脸色憔悴，都很替他担心。但是，当大家知道原因后，都跑来劝他说："老兄啊！你何必为这件事自寻烦恼呢？天空怎么会塌下来呢？再说即使真的塌下来，那也不是你一个人忧虑发愁就可以解决的啊，想开点吧！"可是，无论人家怎么说，他都不相信，仍然时常为这个问题担忧。

　　大家一定猜到了，这就是"杞人忧天"的故事。故事中的杞人常常为还没有发生的事情担心，而庸人自扰，实在是可笑至极。其实生活中，也不乏这样的人。我们先不要笑话杞人，以及其他遇到同样问题的人，而是应该扪心自问，我们有没有在人生的某个阶段，也做过这样的"庸人"呢？

　　古语云："烦恼不寻人，人自寻烦恼。"其实大多数的烦恼，都是人们想象出来的，并且不断被放大、强化，使得它们成为一种心理负担。所以，我们要学会善于淡化烦恼、化解烦恼。

　　1943年的夏天对于史密斯先生来说是一个残酷的夏天。二战的爆发，让很多男孩都参军入伍去了，这对于他创办的商业学校来说是个很大的经济冲击。在服役的男孩中，还有他的大儿子，因此他对大儿子的安危也日夜担心。他房子所在的地方，正好是市政府准备征收来建机场的一片地，而能得到的赔偿金或许只有市价的十分之一。更惨的是，因为当时市内的房屋数量不足，他们一家很可能在拆迁后无家可归。另外，他农场附近正在开凿运河，因此他农场里的水井干涸了，他或许要花一大笔钱来挖个新井。更糟糕的是，他不挖水井，农场将倒闭，挖了水井却要面临农场也被征用的危险，而导致这笔投入也打水漂。还有，他的大女儿马上要从高中毕业，而作为父亲的他却拿不出供女儿上大学的学费……

　　这一切都像一张束缚住他的网一样，让他透不过气来，他又不能因此而逃跑。他已经烦躁得不知该从何下手去解决这些问题了。为了发泄这种压力，他唯一能做的就是把它们都写下来，然后收起来，接着去做自己能做的事情。

一年半过去之后，史密斯先生整理东西时无意间发现了这张记录他烦恼的纸条。他又将纸条读了一遍，但令他惊奇的是，那些让他无比烦恼的事情竟然一项都没有发生：因为政府拨款训练退役军人，所以他的学校很快又来了很多学生，而且学生名额瞬间爆满，这给他带来了丰厚的收益；他的大儿子也安然无恙地从战场回来了；由于他房子附近发现了油田，所以政府不再征收这片地；市内房子再少，他们也不会无家可归；他农场的新井可以放心动工，不用再担心钱打水漂；由于学校和农场正常运作，大女儿的学费也有了着落……

史密斯先生所担心的事情，最后一件也没有发生。所有曾经让他非常担心的事情如今看来都成了庸人自扰。

很多时候，我们和史密斯先生一样，为了还未发生的事情担忧和烦恼。其实这是没有任何意义的。马克·吐温在晚年时曾经自省感叹道："我的一生大多在忧虑一些从未发生过的事，也许没有任何行为比无中生有的忧愁更愚蠢了。"事实上，经常陷入烦恼，被折磨得不堪重负的人都是乐于自寻烦恼之人。

在生活中，我们常常会遇见各种烦恼，而这些烦恼就如同心中的枷锁一般，多数都是自己给自己锁上的。事实上，只要我们心中明朗，那把锁就永远不会锁上，我们又何必自寻烦恼，给自己的内心上锁呢？

小王去找心理学教授，他对自己大学毕业之后何去何从感到彷徨，遂向教授倾诉诸多的烦恼：没有考上研究生，不知道自己未来的发展向方，女朋友将去一个人才云集的大公司，很可能会移情别恋……

教授让小王把烦恼一个个写在纸上，判断分析后，将结果记在旁边。经过实际分析，小王发现其实自己的真正困扰很少，而自己不过是在无病呻吟罢了。教授笑了，他对小王说："你曾看过章鱼吧？"小王茫然地点点头。

"有一只章鱼，在大海中，本来可以自由自在地游动，寻找食物，欣赏海底世界的景致，享受生命的丰富情趣。但它却找了丛珊瑚礁，然后抓住枝丫，动弹不得，呐喊着说自己陷入绝境，你觉得如何？"教授用讲故事的方式引导小王思考。小王沉默一下说："我感觉我就像那只章鱼。"

教授提醒他："当你陷入烦恼的习惯性反应时，记住你就好比那只章鱼，要松开你的八只手，用它们自由游动。系住章鱼的是自己的手臂，而不是珊瑚礁的枝丫。"

很多时候，人心很容易被种种烦恼和物欲所捆绑，但都是自投罗网，自己把自己关进去的，就像章鱼。

世上本无事，庸人自扰之。生活中，很多人总是用无形的枷锁将自己锁住，从而搞得自己疲惫不堪。无穷无尽的烦恼，仔细想想，都是由于太过于执着而造成的。我们应该学会解除这些束缚，给自己减压，从而让自己活得轻松、活得快乐。

不拿过去犯的错误惩罚自己

生活中，我们经常可以看到，一些人因为自己做错了某件事，便终日陷在无尽的自责、哀怨和悔恨之中，这无疑是一种严重的精神消耗，只会令我们痛苦不堪。这个代价太大了，过去的已经过去，我们为过去哀伤、遗憾，除了劳心费神以外，于事无补。莎士比亚曾说："聪明的人永远不会坐在那里为他们的过错而悲伤，却会很高兴地去找出办法来弥补过错。"所以，我们没有必要整日缅怀过去的错误，既然过错已经发生，我们所需要的是从过错中总结经验得失，避免下一次再犯。

有一个老人特别喜欢收集各种古董，一旦碰到心爱的古董，无论花费多少钱都要想方设法买下来。有一天，他在古董市场上发现了一件向往已久的古代瓷瓶，于是，就花了很高的价钱把它买了下来。他把这个宝贝绑在自行车后座上，兴高采烈地骑车回家。谁知，由于瓷瓶绑得不牢靠，在途中"哐当"一声从自行车后座上滑落下来摔得粉碎。这位老人听到清脆的响声后连头也没回继续向前骑车。这时，路边有位热心人对他大声喊道："老人家，你的瓷瓶摔碎了。"老人仍是头也不回地说："摔碎了吗？听声音一定是摔得粉碎,无可挽回了!"不一会儿,老人家的背影消失在了茫茫人海中。

这个故事告诉我们一种对待错误、失误的心态——不要为自己的过失而苦恼。对过去的错误,有机会补救,就尽力补救,没有机会补救,就坚决将其丢到一边,不要陷在过去的泥沼里,越陷越深,无力自拔,否则你将错失更多的东西。正如泰戈尔所言:"如果你因为错过太阳而流泪,那么你也将错过月亮和星辰。"

王伟为儿子买了一辆新的山地自行车,儿子爱不释手,每天都骑着它上学放学。一天,儿子骑车回来后,将车随意停在了楼下,忘记上锁了。结果等他出来的时候,车子早已不见了踪影。王伟知道此事后,并没有责怪儿子,因为现在去追究当时的过错,显得太迟了。但是儿子为此难过了整整一周,终于找了个机会,开始忏悔:"唉!真是可惜,我怎么能不锁车就回家,当时不知道是怎么搞的,脑子一片空白,都是我的错啊……"王伟听完后明白了几分,原来儿子的难过并不完全因为丢失的自行车,而主要是对自己的错误耿耿于怀。于是王伟劝道:"自行车丢了,这已经是事实,谁都不想这种事情发生,可是我想你也不大可能把它找回来。所以,你不要把这件事太放在心上了,休息一下……"第二天,王伟又买了一辆自行车,放在儿子面前,并且告诉他:"你现在拥有了一辆新车,而且比以前的那辆更好。"从此,儿子再也没有忘记过上锁,这辆车一直骑到现在。

生活中，有太多的变数，就像古董瓷瓶不小心被摔碎，自行车丢了，事情一旦发生，就是不能改变的事实。如果心里整天想着它，怎么也挥不去那个阴影，怎么也摆脱不了那种懊悔，为此反反复复辗转难眠，这样就放大了痛苦，带给自己的将是更大、更多的损失。当你面对一些不幸的打击时，要学会潇洒地挥一挥手，告别昨天。不要把宝贵的时间和精力浪费在悔恨、自责和羞愧上。这些负面情绪只会阻止你改善目前的生活状态，让我们失去生活的乐趣。坦然面对过失，能让我们的眼光更长远，能让我们获得更多。人生就是一个从无到有的过程，失去了，不过是从头开始。原谅自己，用积极的心态面对未来。正如哲学家威廉·詹姆斯所说："乐于承认事情就是这样的情况，能够接受发生的事实，就是能克服随之而来的任何不幸的第一步。"

波尔曾是一位著名的企业家，有着辉煌的人生经历。

25岁那年，他创建了一家公司。但在经过22年的苦心经营之后，由于他在管理上犯了大错，导致公司的经营急转直下。没多久，这家公司就宣布破产了。在破产之前，波尔满身光环、受人瞩目，甚至还担任了某大学的理事，而在破产之后，他的事业一下子从巅峰跌到了人生的谷底。

波尔被现实打击得晕头转向，他一时想不明白为何这样的霉运会降临到自己身上，更不知道现在应该做些什么。他把自己关在屋子里，对于自己所犯下的错误懊悔不已，心中久久不能平衡。越是在这样的时候，生活就好像越要跟他开玩笑——他不断地看到电视上传来某某公司倒闭、经理自杀的消息。他甚至觉得，死神在用这样的方式召唤自己。

在这样颓靡了很久之后，在一个晴朗的早晨，波尔突然灵机一动，他决定组织一个协会，专门帮助这些事业失利的人走出阴影。

说做就做，波尔凭着自己多年创办公司的经验，很快就成立了协会。突然出现这样一个能够帮助别人忘掉错误、改正错误的协会，很多有类似不幸经历的企业家纷纷觉得人生又有了一丝希望，并到这里来报名参加。波尔经过全力以赴的努力，不久就将协会规模从几个人扩大到了500多人。协会帮助了很多失意的生意人，让他们得以走出困境，重新面对人生。

在谈及人生的时候，波尔说道："当我犯了一个很大的错误，失败砸向我的时候，我认为自己无法克服这样的磨难。但谁知，我内心的能量却苏醒了。磨难不但没有将我打倒，还给了我另一种智慧，帮我塑造了一个崭新的世界。"

既然错误已经发生，无法再挽回，再多的悔恨和计较毫无意义，只会加重悲伤，甚至还会让人失去更多。过去的事就让它过去吧，不要做无谓的埋怨和惋惜，因为你已经无法去改变它了。但你要记住，以积极的态度来应对不幸之事会收到好的效果，只要你吸取教训，你便从中获益。

不要为过去哭泣，承认现实、接受现实，从悲伤中走出来，这样我们才会重新获得希望。

放下，刹那花开

佛语有云："苦海无边，回头是岸。"世间的人们之所以总是生活在痛苦中，就是因为当自己身陷苦海之时，却不懂得放下，不懂得回头。

有一个婆罗门一手拿一个花瓶来到佛陀门前，想求取解脱之道。刚一进门就听佛陀对婆罗门说道："放下！"于是婆罗门把他左手拿的那个花瓶放下。接着佛陀又说了声："放下！"婆罗门又把他右手拿的那个花瓶放下。

然而，佛陀还是继续对他说道："放下！"这时婆罗门感到莫名其妙，就说："我已经两手空空了，还有什么要放下的呢？请问现在你要我放下什么？"

佛陀说："我并不是叫你放下你手中的花瓶，而是要你放下你的六尘、六根和六识。如果你把这些身外之物统统都放下，你的内心就再也不会被束缚，你便能够从桎梏中解脱出来。"

此时婆罗门才懂得佛陀不停让他放下的真正含义。

生活中，很多人之所以会感到烦恼，就在于拿得起，却放不下。正是放不下，才变成包袱，重重地背在身上无法卸载！每个人生命所能够背负的重量是有限的，你不能得到所有你想要的东西，所以就必须学会放下。放弃那些纷乱的杂念和欲望，放弃那些不是太重要的东西，卸去负担，轻松前行，让自己活得轻松一些，简单一些。

有这样一个故事：

一位旅行者要过一条大河，既无桥可走，又没船可渡。于是，他就造了一排木筏，安然渡到彼岸。旅行者心想：这排木筏对我帮助很大，何不带它走呢？结果背着笨重的木筏，累得他腰酸背痛，只好去求大师。大师说："过河时，筏有用；走路时，该放下。否则，它就成了累赘。"于是，他便放下木筏，轻松上路，开始新的旅行。

由此可见，放弃是一种审时度势、去粗存精的选择，放弃只是为了剪掉前行路上的赘物，更轻快、更愉悦地迈向辉煌的顶点。只有学会了放弃，才能拥有一份安然祥和的心态，才会活得更加充实、坦然和轻松。

一位老人带着他的学生打开了一个神秘的仓库。这个仓库里装满了放射着奇光异彩的宝贝，也不知存放者是谁。仔细看，每个宝贝上都刻着清晰可辨的字纹，分别是：骄傲、正直、快乐、爱情……

这些宝贝都是那么漂亮、那么迷人，年轻人见一件爱一件，抓起来就往口袋里装。

可是，在回家的路上，他才发现，装满宝贝的口袋是那么沉。没走多远，他便感觉到气喘吁吁、两腿发软，脚步再也无法挪动。

老人说："孩子，我看还是丢掉一些宝贝吧，后面的路还长着呢！"

年轻人恋恋不舍地在口袋里翻来翻去，不得不咬咬牙丢掉两件宝贝。但是，宝贝还是太多，口袋还是太沉，年轻人不得不一次又一次地停下来，一次又一次咬着牙丢掉一两件宝贝。"痛苦"丢掉了，"骄傲"丢掉了，"烦恼"丢掉了……口袋的重量虽然减轻了不少，但是年轻人还是感到它很沉很沉，双腿依然像灌了铅一样重。

"孩子"，老人又一次劝道，"你再翻一翻口袋，看还可以丢掉些什么？"

年轻人终于把沉重的"名"和"利"也翻出来丢掉了，口袋里只剩下"谦虚""正直""快乐""爱情"，一下子，他感到说不出的轻松和快乐。

但是他们走到离家只有一百米的地方，年轻人又一次感到了疲惫，前所未有的疲惫，他真的再也走不动了。

"孩子，你看还有什么可以丢掉的，现在离家只有一百米了。回到家，等恢复体力还可以回来取。"

年轻人想了想，拿出"爱情"看了又看，恋恋不舍地放在路边。

他终于走回了家。

可是他并没有想象中的那样高兴，他在想着那个让他恋恋不舍的"爱情"。老人过来对他说："爱情虽然可以给你带来幸福和快乐。但是，它有时也会成为你的负担。等你恢复了体力还可以把它取回，对吗？"

第二天，年轻人恢复了体力，按着来时路拿回了"爱情"。他真是高兴极了，他欢呼，他雀跃，他感到了无比的幸福和快乐。这时，老人走过来抚摸着他的头，舒了一口气："啊，我的孩子，你终于学会了放手！"

生命如一叶扁舟，如果负载太多，注定无法远行。背着包袱走路总是很累的，该放下的就要放下，只有这样才能轻松到达目的地，也才有时间和心情去享受生活的美好。

很多时候，人正因为不懂得放下才会有许多痛苦。当懂得了放下的智慧时，就会豁然开朗，生命马上会展现出另外一种截然不同的景致。要知道，放下心中那份执着是另一种意义上的拥有，只有放下执着和压抑于心的东西，才能去承载许许多多更美好的礼物。世上有失必有得，有得必有失，而我们也该在这内心的平衡中找到和谐与快乐。

对无法得到的东西，忍痛放弃，那是一种豁达，也是一种明智。必须割舍而不肯割舍，则是一种执迷，对自己有害无益。能在必须割舍时，毅然地割舍，乃是坚强与洒脱。不要以为只有能"取得"的人才是大智大勇，那些能毅然"割舍"的人，其实具有更高的智慧与更大的勇气。学会放下，才能使自己真正地懂得珍惜现在所拥有的一切，只有放下才能使自己卸下包袱轻松前进。

从前有个书生，他有一个相恋5年的红颜知己，就在他们决定结婚的前一个月，女方突然嫁给了别人，书生因此而一病不起。家人非常着急，用尽各种办法来安慰他都无济于事，眼看他奄奄一息。这时恰巧有一个云游四方的老和尚从此路过，他得知此情况后，决定点化他一下。老和尚走到书生床前，怀里摸出一面镜子，叫书生看。书生看到茫茫大海，一名遇害的女子衣不蔽体地躺在海滩上。路过一人，看了一眼，摇摇头，走了；又路过一人，将外衣脱下，给尸体盖上，走了；再路过一人，挖了个坑，小心翼翼地将尸体掩埋了。

书生不明白其道理。

老和尚解释道："那具海滩上的女尸，好比是你深爱的女人。你，好比是那第二个路过的人，你们之间的爱只是一件衣服的恩情与缘分，而那个最后将她掩埋的人，才是她想要与之一生一世的人，因为在来来往往的人当中，只有他一个人给了她彻底的体恤，永久的心安。"

书生大悟，"唰"地一下从床上坐起来，病愈。

书生为什么会病倒？就因为他太在乎、太执着，对自己的未婚妻始终放不下。当僧人为他解释了其中的因缘后，他就能从心底将这件事放下了，病自然也就好了。

很多时候，放下就立刻可以解决问题，只是大家都逃避这个事实，宁愿受着牢笼之苦，都不愿解脱。

人生有太多的诱惑，不懂得放下，只能在诱惑的漩涡中翻滚；人生有太多的欲望，不懂得放下，就会在人生的道路上迷失方向；人生有太多的无奈，不懂得放下，就只能与忧愁相伴。但愿我们都能学会放下，学会选择我们的生活。放下了，就少了一些烦恼，多了一些快乐。

第八章

培养积极的情绪，幸福便不再遥远

快乐源自内心，做自己心情的主宰者

快乐是一种积极的正面情绪，可能人人都想获得快乐，但究竟快乐在哪里呢？很多人却并不知晓。其实，快乐就在我们心里。

快乐是一种发自内心的情感，是一种清澈的、美妙的内心感受。庄子认为：生命本应是乐天而无欲的，真正的快乐是生命本性的自然流露，来源于自己精神的内部，而不被外物所影响。

快乐的心情是简单的，快乐不需要太多的诠释和想象。真正的快乐，就是来自内心深处的一种持久的安详和喜悦。

据说，在终南山一带长着一种特殊的植物——快乐藤，任何人得到这种藤后，都会喜形于色，笑逐颜开，不知道烦恼为何物。

为了获得快乐，曾有一位年轻人不惜跋涉千山万水来到终南山，在历尽千辛万苦的搜寻后，他终于得到了这根藤，但结果并非如传说中的一样——他仍然不快乐。

这天晚上，他在山下的一位老人家里借宿，面对皎洁的月光，不由长吁短叹起来。

他问老人："我已经得到了快乐藤，为什么却仍然不快乐呢？"

老人一听乐了，说："其实快乐藤并非终南山才有，而是人人心中都有。只要你有快乐的根，无论走到天涯海角都能够得到快乐。"

老人的话让年轻人耳目一新，他又问："什么是快乐的根？"

老人说："心是快乐的根。"

年轻人恍然大悟，最后笑了。

这个故事说出了快乐的真谛——快乐的源泉在自己的内心！快乐并非取决于你是什么人，或你拥有什么，它完全来自你的思想，你心中注满希望、自信、真爱与成功的想法，就是快乐的人了。假如你下决心使自己快乐，你就能够使自己快乐！快乐无需理由，它本身就是理由！当快乐中的万千情绪走到面前时，就应该去珍惜它，不要因为寻找快乐而失去快乐。愚人向远方寻找快乐，智者则在自己内心培养快乐。快乐就在你我身边，停下匆匆的脚步，细细享受，快乐早已将你紧紧拥抱。

一位疲惫的诗人去旅行，出发没多久，他就听到路边传来一个男人悠扬的歌声。

他的歌声实在太快乐了，像秋日的晴空一样明朗，如夏日的泉水一样甘甜，任何人听到这样的歌声，都会马上被感染，让快乐把自己紧紧地包围起来。

诗人驻足聆听。

歌声停了下来，一个男人走了出来，他的微笑甚至比他本人出来得还要早。

诗人从来没有见过一个人笑得这样灿烂，只有一个从来没有经历过任何艰难困苦的人，才能笑得这样灿烂，这样纯洁。

诗人上前问道："你好，先生，从你的笑容就可以看出，你是一个与生俱来的乐天派，你的生命一尘不染，既没有尝过风霜的侵袭，更没有受过失败的打击，烦恼和忧愁也没有叩过你的家门……"

男人摇摇头："不，你错了，其实就在今天早晨，我还丢了一匹马呢，那是我唯一的一匹马。"

"最心爱的马都丢了，你还能唱得出来？"

"我当然要唱了，我已经失去了一匹好马，如果再失去一份好心情，我岂不是要蒙受双重的损失吗？"

时光如水，岁月如梭。在经历了世间的浮华起落后，蓦然回首，或许你会发现，人活着其实是一种心情。穷也好、富也好、得也好、失也好，一切都是过眼云烟，重要的是，我们要有一颗简单快乐的心，保持一份好心情，过好生命中的每一天。

人人都希望人生快乐，也都在努力编织快乐人生。亚伯拉罕·林肯说："只要心里想快乐，绝大部分人都能如愿以偿。"快乐是一种心情，是一种感觉，它需要我们去感知，去捕捉，去发现。如果我们能够认真地过好自己的每一天，用心地去感受生活中的点点滴滴，就能寻求快乐的所在，生活也一定会更加快乐充实。

著名的哲学家苏格拉底是单身汉的时候，和几个朋友在一起，住在一间只有七八平方米的房间里，他一天到晚总是乐呵呵的。有人问他："那么多人挤在一起，连转个身都难，有什么可乐的？"苏格拉底说："朋友们在一起，随时都可以交换思想，交流感情，这难道不值得高兴吗？"

过了一段时间，朋友都成了家，一个个先后搬出去了，屋子里只剩下苏格拉底一个人。每天，他依然开心。那人又问："你一个人孤孤单单，有什么好高兴的？"苏格拉底说："我有很多书啊，一本书就是一个老师。和这么多老师在一起，时时刻刻都可以向老师请教，这怎么不令人高兴呢？"

几年后，苏格拉底也成了家，搬进了一座楼里，这座楼有六层，他家住一楼。一楼不安静、不安全，也不卫生，上面老乱扔东西下来。可他还是一副喜气洋洋的样子。那人又问他："你住这样的地方，也感到高兴吗？"苏格拉底说："你不知道住一楼多少妙处啊，比如进门就是家，不用爬楼；搬东西方便，不用花大力气；朋友来访，不用四处打听……这些妙处啊，简直说不完。"

过了一年，苏格拉底把一楼让给了一位腿脚不方便的朋友，自己住到了六楼。六楼又晒又冷，爬起来还累，但他依然快快乐乐。那人不解地问："住顶楼有什么好处？"苏格拉底说："好处多哩！如每天下楼可以锻炼身体，看书时光线好……"

后来，那个人又问苏格拉底："你总是那么快乐，可我却感觉到你每次所处的环境并不那么好啊。"

苏格拉底说："决定自己心情的，不在于环境，而在于心境。"

快乐是一种生活态度，一种生活习惯。快乐的生活需要快乐的心情，而快乐的心情是需要自己营造的，快乐的心情从哪里来呢？快乐的心情从我们的生活中来。生活需要快乐的心情，快乐心情又来自生活，两者就是这样互相离不开。

人生的快乐正是源自我们心灵的那种愉悦的感受，快乐不仅仅是一种心情，更是一种选择。心理学博士凯伦·撒尔玛索恩女士说："我们的生活有太多不确定的因素，你随时可能会被突如其来的变化扰乱心情。与其随波逐流，不如有意识地培养一些让你快乐的习惯，随时帮助自己调整心情。" 养成快乐的习惯，你就可以变成自己情绪的主人而不再是其奴隶。要记住：这世上，没有生下来就注定不快乐的人，只有不愿意选择快乐的心。快乐还是难过，全由你来定。

学会知足，快乐常伴左右

"知足者常乐"是人们津津乐道的人生哲学，它源于老子的"知足不辱，知止不殆，可以长久"。大意是说，一个人如果知道满足就会感到永远快乐。"知足者常乐"，不是让一个人安于现状，盲目乐观，没有目标，不求进步，而是说一个人懂得取舍，也懂得放弃，懂得适可而止。这其实是一种对人生的开悟。

二战结束后，慕尼黑的街道上满目疮痍，此时，一位农夫和一位商人正在街上寻找没被炮火炸毁的物品。他们发现了一大堆未被烧焦的羊毛，两个人就各分了一半背在自己的背上。

在回家的路上，他们又发现了一些布匹，农夫将身上沉重的羊毛扔掉，选了些自己扛得动的、较好的布匹；贪婪的商人将农夫所丢下的羊毛和剩余的布匹统统捡起来，重负让他气喘吁吁、行动缓慢。

走了不远，他们又发现了一些银质的餐具，农夫将布匹扔掉，捡了些较好的银器背上；商人却因沉重的羊毛和布匹压得他无法弯腰而作罢。

突降大雨，饥寒交迫的商人身上的羊毛和布匹被雨水淋湿了，他跟跄着摔倒在泥泞当中；而农夫却一身轻松地回家了。他变卖了银餐具，生活富足起来。

人因知足而富有，因贪婪而贫穷。过分的贪取、无理的要求，只是给自己徒增烦恼而已。因此，古人说："养心莫善于寡欲"。我们如果能够把握住自己的心，驾驭好自己的欲望，不贪得、不觊觎，做到无欲无求，役物而不为物役，生活上自然能够知足常乐、随遇而安。

在这个物欲横流、竞争异常激烈的社会，虽然人人都明白这个道理，但又有多少人能够真正地体会到"知足者常乐"的意境呢？

一位年轻人总是不停地抱怨自己时运不济、发不了财，整日愁眉苦脸。有一天，他遇到了一位老人，老人看见年轻人这种愁容，就问道："年轻人，你为什么愁眉苦脸？难道你不快乐吗？"

年轻人说："我不明白我为什么总是这样穷！"

"穷？我看你很富有嘛！"老人由衷地说。

"为什么你会这样说？"年轻人问。

老人没有正面回答，反问道："假如今天我折断你的一根手指头，给你1000元，你愿不愿意？"

"不愿意。"

"假如斩断你的一只手，给你1万元，你愿不愿意？"

"不愿意。"

"假如让你马上变成80岁的老翁，给你100万，你愿不愿意？"

"不愿意。"

"假如让你马上死掉，给你1000万，你愿不愿意？"

"不愿意。"

"这就对了，你身上的钱已经超过了100万了呀！"老人说完就笑吟吟地走了。

看着老人离去的背影，年轻人恍然大悟，学会知足才会让自己更快乐。

生活中，如果我们得不到我们希望拥有的东西，最好不要让忧虑和悔恨来干扰我们的生活。让我们把一切都看得平淡些，看得轻松些，不要期望太高，也不要过分地求全责备。政治家、哲学家塞尼逊有句名言："人最大的财富，是在于无欲。如果你不能对现有的一切感到满足，那么纵使让你拥有全世界，你也不会幸福的。"所以，如果想成为一个快乐幸福的人，就应该学会知足，知足者才能常乐。

知足使人平静、安详，它会让我们心胸开阔，不背太多的思想负担，在知足的心态下，一切都会变得坦然，所以知足的人总是笑对人生。

知足常乐是一种健康的人生态度，它让你用宽容的心态来对待人生、面对生活，因为这种心态能让你在生活中不贪婪、不奢求、不浮躁，从而达到心境平和而宁静的状态。就生命的本质而言，知足常乐充满了平凡而又深奥的哲理，人人都应该深思之。

调动情绪，生活就要充满热情

对生活充满热情，是快乐生活的最基本原则，因为有热情才会有希望，有希望，生命中的每一天都将是新的，而有热情，人生中的每一天都将会沐浴着阳光。

热情是一种向上的情绪，是一切快乐和幸福的起源，是一种积极的态度。无论外界有什么影响，都阻挡不了它的力量。不论我们做什么事，如果没有倾注热情，都很难将它做得非常好，也很难在某一领域脱颖而出，展现自我的价值。

一个浓雾之夜，当拿破仑·希尔和他母亲从新泽西乘船到纽约的时候，母亲欢叫道："这是多么令人惊心动魄的情景啊！"

"有什么出奇的事情呢？"拿破仑·希尔问道。

母亲依旧充满热情地说："你看呀！那浓雾，那四周若隐若现的光，还有消失在雾中的船，带走了令人迷惑的灯光，多么令人不可思议。"

或许是被母亲的热情所感染，拿破仑·希尔也着实感受到厚厚的白雾中那种隐藏着的神秘、虚无和迷惑。拿破仑·希尔那颗迟钝的心仿佛得到了一些新鲜血液的滋养，不再麻木无感了。

母亲注视着拿破仑·希尔，说道："我从没有放弃过给你忠告。无论以前的忠告你接受不接受，但这一刻的忠告你一定得听,而且要永远牢记。世界从来就有美丽和兴奋的存在,它们本身就是如此动人、如此令人神往,所以,你自己必须要对它们敏感,永远不要让自己感觉迟钝,永远不要让自己失去那份应有的热情。"

拿破仑·希尔一直没有忘记母亲的话,而且也试着去做,就是努力让自己保持那颗热忱的心,保有那份热情。

生活需要热情,就如同人类需要阳光一样。对生活充满热情,就是要用最积极的心态支配和控制自己的人生,创造出属于我们自己的天地。

泰戈尔曾经说过:"热情,是鼓满船帆的风。风,有时会把船帆吹破,但没有风,帆船就不能航行。"所以,要想驾好生活这艘帆船,就要懂得享受热情的海风,点燃热情的心灯。

热情是发自内心的激情,是一种意识状态,是一种重要的力量,它具有巨大的威力。只要人们善于利用热情,就可以使之转化为巨大的能量。一个人如果激情洋溢,热情地面对人生,乐观地接受挑战,那么他就成功了一半。一个人如果没有热情,不论他有什么能力,都很难充分发挥出来,也很难成功。成功是与热情紧紧联系在一起的,要想成功,就要让自己永远沐浴在热情的光影里。

杰克是某商务公司的一个推销员,凭着高超的推销技艺,他叩开了无数经销商壁垒森严的大门。有一次,他路过一家商场,进门后先向店员作了问候,然后就与他们聊起天来。通过闲聊,他了解到这家商场有许多不错的条件,于是想将自己的产品推销给他们,但却遭到了商场经理的严厉拒绝,经理直言不讳地说:"如果进了你们的货,我们是会亏损的。"杰克岂肯罢休，他动用了各种技艺试图说服经理，但磨破嘴皮都无济于事，最后只好十分沮丧地离开了。他驾着车在街上溜达了几圈后决定再去商场。当他重新走到商场门口时，商场经理竟满面堆笑地迎上前，不等他开口，经理马上决定订购一批产品。

　　杰克被这突如其来的喜讯搞蒙了，不知这是为什么，最后商场经理道出了缘由。他告诉杰克，一般的推销员到商场来很少与营业员聊天，而杰克首先与营业员聊天，并且聊得那么融洽。此外，被拒绝后又重新回到商场来的推销员，杰克是第一位，他的热情感染了经理。对于这样的推销员，经理还有什么理由再拒绝呢？

　　热情是人的生活态度，这种积极的态度可以感染人、带动人，给人以信心，给人以力量，形成良好的环境和氛围。时时充满热情，积极投入到生活和工作之中，是人的一种上佳状态。

　　美国文学家爱默生曾写道："人要是没有热情，是干不成大事业的。"热情是战胜所有困难的强大力量，它使你保持清醒，意志坚强，它使你全身心地投入到你从事的事业当中，唯有保持高度的热情，你才会有永不衰竭的动力。

　　热情是经久不衰地推动你面向目标勇往直前，直至你成为生活主宰的原动力。因此，我们对待生活，要时时刻刻充满热情，这样生活才会少几分无奈，多几分精彩。

不要过分追求完美，缺陷也是一种美

不能容忍美丽的事物有所缺憾，是人的一种普遍心态。对许多人来说，追求尽善尽美是理所当然的。他们从未想过，正是这种似乎十分正确的态度，却令自己非常疲惫，也给生活带来了无尽的烦恼和压力。

古希腊哲学导师苏格拉底的三个弟子曾求教老师，怎样才能找到理想的伴侣。苏格拉底没有直接回答，却让他们走上麦田埂，只许前进，且仅给一次机会选摘一枝最完美最大的麦穗。

第一个弟子走几步看见一枝又大又漂亮的麦穗，高兴地摘下了。但是他继续前进时，发现前面有许多比他摘的那枝大，只得遗憾地走完了全程。

第二个弟子吸取了教训，每当他要摘时，总是提醒自己，后面还有更好的。当他快到终点时才发现，机会全错过了。

第三个弟子吸取了前两位的教训，当他走到三分之一时，即将麦穗分出大、中、小三类，再走三分之一时验证是否正确，等到最后三分之一时，他选择了属于大类中的一枝美丽的麦穗。虽说这不一定是最大最美的那一枝，但他满意地走完了全程。

事实是，根本就没有真正的"最大最美"，人们要学会不对自己、他人苛求完美。或许我们都应该学着欣赏缺憾美，否则将被完美主义累坏了身心。

生活中，很多人把追求完美当作是人生的目标，但是，越来越多的人却被对"完美"的这份追求压得喘不过气来，深受完美主义之累，无论对生活、对工作都锱铢必较，其结果只会把自己搞得筋疲力尽。

刘艳是一个事业心很强的职场女性，对自己要求严格，甚至可以说是苛刻。上个月，公司接了一个企划案，由刘艳和同事赵雷负责完成。在整个工作过程中，如果稍有什么不如意的地方，刘艳就开始乱发脾气，不是骂同事不尽心，就是骂自己不够认真。

直到有一次，她正在抱怨做得不够好时，同事赵雷也来气了，说道："有什么不满意的地方我们可以来改进，哪有一步就做到最好的作品。可是像你这样，稍有不对就骂东骂西的，还怎么让人有心情工作？跟你一起工作，真是遭罪。"

听完赵雷的话，刘艳愣住了，她一心想着追求完美，把工作做到最好，却不想陷入了坏情绪的包围圈，甚至还影响到了周围的人。

现在想想，当上司一提出"这个案子谁和刘艳一起完成"时，大家都推脱手里有重要的案子要忙。原来最根本的原因不是有案子要忙，而是不愿意与自己合作，一天天遭受坏情绪的折磨。

心理学研究证明，试图达到完美境界的程度与可能获得成功的机会，恰恰成反比。追求完美给人带来莫大的焦虑、沮丧和压抑。刚开始，他们就在担心着失败，因为生怕干得不够漂亮而辗转不安，这就妨碍了他们全力以赴去取得成功。而一旦遭到失败，他们就会异常灰心，想尽快从失败的境遇中逃避开去。他们没有从失败中获取任何教训，而只是想方设法让自己避免尴尬的场面。

19世纪法国诗人穆塞特曾写下这样的话："完美根本就不存在，了解这句话的人就等于了解人性智能的极致，期待拥有完美是人类最疯狂、最危险之举。"世上任何事情都没有十全十美，也没有完美无缺的人，如果一味地追求完美，那么最终会作茧自缚。人生旅途中，永远不要背负着"完美"的包袱上路，否则你将永远陷入无法自拔的矛盾之中，最后也只能在苦恼中老去。

有一个商人，在出海经商的时候，用他那美丽的丝绸跟当地的渔民换来了一颗硕大而美丽的珍珠。

那是一颗贝壳颜色的珍珠，它在灯光下发出晶莹灿烂的光芒。然而商人总是感到有点不舒服，因为那颗珍珠上有一个不容易被发现的、小小的斑点。他想，若是能够想法子将这个斑点去掉就好了，那它一定是这个世界上最完美的珍珠了。

于是，商人找来一把小刀，狠狠地在珍珠表面刮去了一层，可是斑点居然还在。他又狠了狠心，刮去第二层，他以为这下总可以把斑点去掉了，然而那个顽固的斑点依旧存在。

就这样，他不断地刮掉了一层又一层，直到最后，那个斑点终于没有了，而这时他才发现，那颗美丽的珍珠也不复存在了。

因为这件事，那个商人十分懊悔和伤心，每天念念不忘，最终一病不起。临终前，他无比懊悔地对家人说："如果当时我不去计较那个小小的斑点，现在我手里还握着一颗美丽的珍珠啊！"

人生没有完美可言，完美只在理想中存在。我们可以接近完美，但永远也不可能达到完美。一味地追求完美，只能给人生留下太多的烦恼和遗憾。一位哲人在日记中写道："如果再给我一次生命，我不会再追求事事完美。只有确定了生活的重点的人，才是一个能享受到生活快乐的人。因为快乐的人不是把一切都做得尽善尽美的人。"其实，我们只要心放宽一些，对自己不去苛求，对别人也不去苛求，生活就会减少许多的烦恼。所以，学着接受生活中的不完美，才会让自己离快乐和幸福更近。

放慢脚步，生活更轻松

有这样一个小故事：

有甲、乙两个人看风景，开始的时候，两人都很开心。后来，甲耍了一点小聪明，走得快一点，比乙早看一眼风景。乙一看，怎么能让你比我早看一眼，就走得更快一点超过甲。于是两人越走越快，最后跑了起来。原来是来看风景的，现在变成赛跑了，后面一段路程的风景两人一眼也没看到，到了终点，两人都很后悔。

当我们疾步前行的时候，往往错失沿途美妙的风景；当我们悠闲漫步时，才发觉原来路上的景色是如此迷人。

其实，人生就像一场旅行，不必在乎目的地，该在乎的是沿途的风景，以及看风景的心情，这是一种令人羡慕的洒脱。在人生旅途中，适时地放慢脚步，感受一下沿途的风景，感悟一下美丽的人生，你就会觉得生活更加充实。

放慢自己的脚步，是为了好好感受那些美好的事物。美好的事物，是在匆忙走过的时候不会被注意到的。当你放慢脚步时，会真正听到鸟儿的歌声是那么悦耳和谐，会看到天空的湛蓝，看到树梢在微风中轻轻摇动，会真正看到每一朵花都是活生生的。所以与其匆忙赶路，不如放慢脚步，放松心情，来欣赏一下路边的风景。

一天，在华盛顿的一个地铁站里，一位男子用一把小提琴演奏了六首巴赫的作品，共演奏了45分钟左右。他前面的地上，放着一顶口子朝上的帽子。在大部分人看来，这是一位街头卖艺人。但事实上他是约夏·贝尔，世界上最伟大的音乐家之一。他演奏的是几首世界上最复杂的曲目，用的是一把价值350万美元的小提琴。

在约夏·贝尔演奏的45分钟里，大约有2000人从他眼前走过。

演奏开始大约3分钟的时候，一位显然有音乐修养的男子知道演奏者是一位音乐家，于是放慢了脚步，可也仅仅停留了几秒钟听了一下，然后又匆匆忙忙地继续赶路了。

约4分钟时，一位女士把一美元丢到了约夏·贝尔的帽子里，然后没有任何停留地继续往前走。

6分钟时，一位小伙子倚靠在墙上倾听他的演奏，过了一会儿，看看手表，又开始往前走。

10分钟时，一位三岁的小男孩停了下来，但他妈妈使劲拉扯着他匆忙地离去。小男孩停下来又看了一眼，但在妈妈的推拉下只好继续往前走去，但却不停地回头看。

整个过程中，大多数经过的孩子也是这样，但他们的父母全都硬拉着自己的孩子快速离开。整个演奏过程中，只有6个人停下来听了一会儿，大约20个人给了钱就继续以匆忙的步伐离开。

两天前，约夏·贝尔在波士顿一家剧院演出时所有门票售罄，而想要坐在剧院里聆听他演奏同样的乐曲，至少得花200美元。

其实，这场演奏是一家杂志社对当今人们在感知、品位和选择方面做的一个试验。这次试验试图解答如下问题：第一，在通常的境遇下，在一个错误的时间内，人们能够感知到美吗？第二，如果人们可以感受到美，那么人们会停下脚步去欣赏吗？第三，人们会在意想不到的情况下认可天才吗？最后人们得出的结论则是：在错误的时间内，即使是世界上著名的音乐家演奏出世界上最动听、最美妙的音乐，人们依然不会停留哪怕一点点的时间去用心感受美、欣赏美。这个结论让我们不禁反思，在人们匆忙的人生中，又会错过多少美好的景物呢？

约翰·列侬曾说："当我们正在为生活疲于奔命的时候，生活已经离我们而去。"在快节奏的社会中，我们的生活总是充满了紧张和无序，似乎每个人都处在焦虑中，这让我们失去了太多，不仅是健康，还包括对生活的热爱、激情和享受，以及对周围的一切丧失了新鲜感、好奇、体会与感动，生活的细节被完全地忽视。所以我们要返璞归真，放慢生活的脚步，不再"拼命追赶"，要让生活变成"慢板"，静下心来细细体会和品味生活的细节。

放慢脚步是一种从容的生活态度，是一种健康、优雅的心态，是一种顺其自然的价值观，是一种从容不迫的大方，是一种彻悟的安详，是一种让人生充满快乐的生活方式。我们完全可以不必匆忙地过日子，把自己变成一部上了发条的机器，而是应放慢生活的脚步，好好享受生活赠予的一切。慢下来，细心欣赏一朵花的盛开，沉醉于一阵微风掠过，细想人生况味，咀嚼生活点滴，何其简约和透彻！放慢节奏，也许损失一些金钱，却大大丰富了生命，何乐而不为呢？

一位职业培训师为一家知名企业员工做职业培训，其中涉及一项测试，测试结果显示这里的绝大部分员工存在压力过大和负面情绪严重的问题。于是培训师问了一个问题："你们注意过公司对面的花园吗？春天来了，那里的梨花都开了。"员工们都很茫然，因为他们脚步匆匆，从来没有注意过那个小花园。培训师说："培训前我去那里散步，顺便在树下坐着吃了早餐，感觉心情非常舒畅。"接着培训师带着大家走出大厦，步行到对面的小花园。那里有许多老年人在打太极，还有孩子们在嬉戏……没有工作，没有电话铃声，安静舒缓，和写字楼的氛围完全不同，所有人都感觉到内心一下子宁静、放松很多。培训师说："忙碌很可能会让你忽视生活中的美好，只要你放慢脚步，懂得欣赏，很多情绪问题都能迎刃而解。"

　　培训师带着员工去参观小花园，其用心十分巧妙，让员工体会一种缓慢的生活节奏，从而感受到生活的美好，战胜生活中的负面情绪。

　　放慢脚步是为了享受生活。放慢生活的脚步，生命会更加精彩。每个人都有决定自己生活方式的权利，何必把自己搞得那么累。放慢你的脚步，尽情地呼吸，尽情地欢笑，让生活中多一些温馨，生命少一份遗憾。

　　放慢脚步是人们对现代生活的反思，它的本质是对健康、对生活的珍视。我们正处在一个把健康变卖给时间和压力的时代，如果不想成为快节奏的奴隶，就赶快从紧张的生活中脱离出来，开始重视身体和精神健康，勇敢地让生活"慢"下来。

　　生活中，当你走得累了的时候，你可以停下前进的步伐，驻足远视，观赏一下沿途的美景；当你在竞争中伤痕累累、身心疲惫时，不妨停下你的脚步与别人谈谈心；当你因为生活的困苦而痛苦不堪时，你不妨停下生活的脚步，细细打算一下自己的人生。总之，当你有意识地放慢脚步，并能抓住手中滑过的时光绳索时，心里一定会充盈着幸福的源泉。

心怀感恩的人，才会拥有真正的快乐

　　人的一生要想活得幸福快乐，保持良好的情绪状态，必须要有一颗感恩的心。一个心中不知道感恩的人，是永远不知满足的人，也是一个不懂得珍惜的人。他们整天只会怨天尤人，搞得自己痛苦不堪。

有这样一个故事：

有个寺院的住持，给寺院立下了一个告别的规矩——每到年底，寺里的僧人都要对住持说两个字。第一年年底，住持问新来的僧人最想说什么，僧人说"床硬"；第二年年底，住持问僧人最想说什么，僧人说"食劣"；第三年年底，还没等住持开口，就听僧人口中蹦出这样两个字："告辞"。望着僧人远去的背影，住持自言自语地说道："阿弥陀佛，心中有魔，难成正果，可惜，可惜。"

住持说的"魔"，就是僧人心里没完没了的抱怨。这个僧人只考虑自己要什么，却从来没有想过别人给过他什么。像这个僧人这样的人在现实生活中很多，他们心中缺乏感恩，这也看不惯，那也不如意，怨气冲天，牢骚满腹，总觉得别人欠他们的，社会欠他们的，从来感觉不到别人和社会为他们的生活所做的一切。其实正是因为有这样的心态，这些人才会过得一点也不快乐。

在感恩节期间，有一位男子垂头丧气地来到教堂，坐在牧师面前，他对牧师诉苦："人们都说感恩节要心怀感谢之情，如今我一无所有，失业已经大半年了，工作找了10多次，也没人用我，我没什么可感谢的了！"牧师问他："你真的一无所有吗？这样吧，我给你一张纸、一支笔，你把我提问的答案记录下来，好吗？"

1. 牧师问他："你有妻子吗？"

他回答："我有一个十分善良的妻子，她不因贫穷而离开我，她还爱着我。相比之下，我的愧疚也更深了。"

2. 牧师问他："你有孩子吗？"

他回答："我有孩子，3个男孩，2个女孩，他们都十分可爱，虽然我不能让他们吃最好的食物，受最好的教育，但孩子们很争气。"

3. 牧师问他："你胃口好吗？"

他回答："呵，我的胃口好极了！由于没什么钱，我不能最大限度地满足我的胃口，常常只吃7成饱。"

4. 牧师问他："你睡眠好吗？"

他回答："睡眠？呵呵，我的睡眠棒极了！一碰到枕头就睡熟了。"

5. 牧师问他："你有朋友吗？"

他回答："我有朋友，因为我失业了，他们不时地给予我帮助！而我无法回报他们。"

6. 牧师问他："你的视力如何？"

他回答："我的视力好极了！我能够清晰地看见很远地方的物体。"

于是他的纸上就记录下这么6条：1. 我有位好妻子；2. 我有5个好孩子；3. 我有好胃口；4. 我有好睡眠；5. 我有好朋友；6. 我有好视力。

牧师又请他读了一遍以上这6条，说："祝贺你！你回去吧，记住要感恩！"

后来，他带着感恩的心，精神也振奋不少，终于找到了一份很好的工作。

做人心存感恩，你就不会有太多的抱怨。你感恩生活，生活才会赐予你灿烂的阳光，若你只知一味地怨天尤人，最终可能一无所有！

感恩是一种歌唱生活的方式，它源自人对生活的真正热爱。感恩之心足以稀释你心中的狭隘和蛮横，更能赐予人真正的幸福与快乐。拥有感恩的心，会让我们换一种角度去看待人生的失意与不幸，会使我们在失败时看到差距，在不幸时得到慰藉。对生活时时怀着一份感恩的心情，才会使自己永远保持健康的心态和进取的信念。

英国哲学家约翰·洛克曾说过："感恩是精神上的一种宝藏。" 怀揣感恩之心的人，有美好的心灵，生活也会更积极向上。

美国著名潜能开发大师席勒有一句名言："任何苦难与问题的背后都有更大的祝福！"他常常用这句话来激励学员积极思考，由于他时常将这句话挂在嘴边，连他的女儿——一个非常活泼的小姑娘，在念小学的时候就可以朗朗地附和他念这句话。

有一次，席勒应邀到外国讲学。就在课程进行当中，他收到一封来自美国的紧急电报：他的女儿发生了一场意外，已经被送往医院进行紧急手术，有可能要截掉小腿！他心慌意乱地结束课程，火速赶回美国。到了医院，他看到女儿躺在病床上，一双小腿已经被截掉。

这时，他第一次发现自己的口才完全派不上用场了，笨拙地不知如何来安慰这个热爱运动、充满活力的天使！

女儿好像察觉了父亲的心事，告诉他："爸爸，你不是时常说，任何苦难与问题的背后都有更大的祝福吗？不要难过！"他无奈又激动地说："可是！你的脚……"

女儿又说："爸爸放心，脚不行，我还有手可以用啊！"两年后，女儿升入了中学，并且再度入选垒球队，成为该联盟有史以来最厉害的全垒球王！

"任何苦难与问题的背后都有更大的祝福！"这是以一种感恩的心态来面对灾难的态度。生活的真谛，并不在于你失去了什么，而在于你拥有些什么。不管面临怎样的困境，你都不应该把着眼点放在自己失去什么、缺乏什么上，而应该积极地去想自己现在还拥有什么，并去感谢所拥有的一切。当你真正具备了这种心态的时候，你就会为自己的现状感到庆幸。学着感恩，做个知足的人，你会感到生活是这样美好！

学会感恩，你就不会因为所谓的不公而怨天尤人、斤斤计较；学会感恩，你就不会一味地索取，一味地让自己的欲念膨胀；学会感恩，你就会善待自己，更好地生活。生命有限，我们应该多采撷生活甜美的果实，放于幸福的篮中，使生活甜蜜、快乐、幸福。

感谢生活给予我们的一切，无论是欢笑还是泪水，这就是多姿多彩的生活，我们要永远心怀感恩。

心中有爱，世界才有色彩；心中有感恩，生活才有希望。懂得了感恩，学会了感恩，才能拥有真正的快乐，拥有幸福的人生。

如果你想有好心情，千万不要忘记微笑

"笑一笑，少一少；恼一恼，老一老。"这是明代养生家胡文焕编写的养生顺口溜。旨在告诫人们要保持乐观的情绪，时常面带微笑，不以小事、无聊事烦心，凡事要想得开，心胸开阔。

清代有一个人得了病，悲伤、茶饭无味、萎靡不振，吃了很多药，也没见效。有一天，他找来了一位著名的中医给他看病。老中医把脉良久，最后给他开了一张方子，让他去按方抓药。他赶紧来到药铺，递上方子。没想到卖药之人接过一看，哈哈大笑，说这方子是治妇科病的，名医犯糊涂了。他赶忙去找那位名医，但医生却早已经离开了。这时，他想到自己竟被一位名医诊断为"月经失调"，禁不住哈哈乐起来。这以后，每当想起这件事，他就忍不住要笑。他把这事说给家人和朋友，大家也都忍不住乐。后来，他终于找到了那位名医，并笑呵呵地告诉医生方子开错了。名医此时笑着说："我是故意开错的。你是肝气郁结，引起精神抑郁及其他病症。而笑，则是我给你开的特效方。"他这才恍然大悟——这一个月，自己只顾笑了，什么药也没吃，身体却好了。

从这个故事中可以看到，笑对一个人的生活有多么重要。如果你想活得快乐、活得开心，就需要在生活中主动寻找快乐的因子，让自己笑口常开。

笑是舒畅身心、排解不满情绪的最有效方法。每天大笑几次，则身爽气舒、心旷神怡。马克思说："一份愉快的心情胜过十剂良药。"科学研究表明，人在情绪不好的情况下，机体会分泌出过多的肾上腺物质，使人的心跳加快、脏器功能失调，此时如果能够让自己笑起来，身体便会立即松弛下来，人体的各种器官都会趋向良性动作，不好的情绪就会得到缓解。所以，笑能非常有效地改善人的情绪。

高尔基说过："只有爱笑的人，生活才能过得更美好。"生活即使再苦，我们也要微笑着面对生活，能以苦为乐的人，才能发现希望。

曾看过这样一个小故事：

> 百货店里，有个穷苦的妇人带着一个约4岁的男孩在转悠。他们走到一架快速照相机旁，孩子拉着妈妈的手说："妈妈，让我照一张相吧。"妈妈弯下腰，把孩子额前的头发拢在一边，很慈祥地说："不要照了，你的衣服太旧了。"孩子沉默了片刻，抬起头来说："可是，妈妈，我仍然会面带微笑的。"

相信每个读过这个故事的人，都会被小男孩所感动。生活是一面镜子，你对着它笑，它也对着你笑。一个微笑面对生活的人，总是乐观自信、积极进取的。

微笑是世界上最美丽的表情，无论生活中遇到什么样的事情，都记得让自己微笑。印度诗人泰戈尔说："世界上的事情最好是一笑了之，不必用眼泪去冲洗。"人生在世，痛苦和挫折在所难免，而笑就是最好的自我调适方法，笑代表着乐观，代表着希望。用微笑来面对生活，用微笑来面对每个人、每件事，你就会看到灿烂阳光，迎接你的也必然是一路的欢声笑语。

　　飞机起飞时，一位乘客请求空姐给他倒一杯水吃药。空姐很有礼貌地说："先生，为了您的安全，请稍等片刻，等飞机进入平稳飞行后，我会立刻把水给您送过来，好吗？"

　　15分钟后，飞机早已进入了平稳飞行状态。突然，乘客服务铃急促地响了起来，空姐猛然意识到：糟了，由于太忙，忘记给那位乘客倒水了！空姐连忙来到客舱，小心翼翼地把水送到那位乘客跟前，面带微笑地说："先生，实在是对不起，由于我的疏忽，延误了您吃药的时间，我感到非常抱歉。"这位乘客抬起左手，指着手表说道："怎么回事？有你这样服务的吗？你看看，都过了多久了？"空姐手里端着水，心里感到很委屈。但是，无论她怎么解释，这位挑剔的乘客都不肯原谅她的疏忽。

　　接下来的飞行途中，为了补偿自己的过失，空姐每次去客舱给乘客服务时，都会特意走到那位乘客面前，面带微笑地询问他是否需要水，或者别的什么帮助。然而，那位乘客余怒未消，摆出一副不合作的样子，并不理会空姐。

　　临到目的地前，那位乘客要求空姐把留言本给他送过去。很显然，他要投诉这名空姐。此时，空姐心里虽然很委屈，但是仍然不失职业素养，显得非常有礼貌，而且面带微笑地说道："先生，请允许我再次向您表示真诚的歉意，无论您提出什么意见，我都将欣然接受您的批评！"那位乘客脸色一紧，嘴巴准备说什么，可是却没有开口。他接过留言本，在上面写了起来。

　　飞机安全降落，所有的乘客陆续离开后，空姐打开留言本，惊奇地发现，那位乘客在本子上写下的并不是投诉信，而是一封热情洋溢的表扬信。

是什么使得这位挑剔的乘客最终放弃了投诉呢？在信中，空姐读到这样一句话："在整个过程中，你表现出的真诚的歉意，特别是你的十二次微笑服务，深深打动了我，使我最终决定将投诉信写成表扬信！你的服务质量很高。下次如果有机会，我还将乘坐你们的这趟航班！"

微笑是一种武器，是一种寻求和解的武器。每当遇到不公平的待遇，或不合理的评价，我们心中难免燃起怒火，但发脾气只会让事情更糟、自己更生气。与其这样，不如微微一笑，既平衡自己的心理，又化解了尴尬的处境。

"当生活像一首歌那样轻快流畅时，笑口常开并非难事，而在愤怒中仍能保持微笑的人，才活得有价值。"这是德国的威尔科克斯曾说过的名言。微笑，永远是我们生活中的阳光。因为微笑总能给我们带来快乐和幸福，在艰难困苦中，微笑总能使我们看到希望。一旦你学会了微笑，你就会发现，生活可以变得简简单单、轻轻松松，而人们也可以因你的一个微笑看到雨后的阳光。